核电厂维修人员专业技能培训教材

转动机械设备检修

中核核电运行管理有限公司　组织编写

中国原子能出版社

图书在版编目（CIP）数据

核电厂维修人员专业技能培训教材. 转动机械设备检修 / 中核核电运行管理有限公司组织编写. —北京：中国原子能出版社，2020.11（2024.7 重印）

ISBN 978-7-5221-0950-3

Ⅰ. ①核… Ⅱ. ①中… Ⅲ. ①核电厂–转动机构–设备检修–技术培训–教材 Ⅳ. ①TM623.7

中国版本图书馆 CIP 数据核字（2020）第 192094 号

核电厂维修人员专业技能培训教材 转动机械设备检修

出版发行 中国原子能出版社（北京市海淀区阜成路 43 号 100048）
责任编辑 张书玉
装帧设计 赵 杰
责任校对 冯莲凤
责任印制 赵 明
印　　刷 中煤（北京）印务有限公司
经　　销 全国新华书店
开　　本 787 mm×1092 mm 1/16
印　　张 7.625
字　　数 228 千字
版　　次 2020 年 11 月第 1 版 2024 年 7 月第 2 次印刷
书　　号 ISBN 978-7-5221-0950-3 定 价 54.00 元

网址：http://www.aep.com.cn E-mail：atomep123@126.com
发行电话：010-88828678

核电厂维修人员专业技能培训教材

转动机械设备检修

编审委员会

主　任　邹正宇

副主任　朱晓斌　刘崇都　吴炳泉　董军成

委　员　王孔钊　王晓波　方幼君　卢才华

叶丹萌　朱　磊　孙国忠　李厚文

吴小海　吴明亮　邹俊磊　张世敏

周瑞东　郑建华　费志松　徐宏明

盛建华　韩光辉　蒲晓彬　樊鹏飞

编　者　王　波　邢琎娟　杨　宝　张云华

卓　伦　姚建远　潘文清

审　者　方幼君　卢才华　孙国忠　何少华

张云华　陈　梁

出版前言

为保障入职一年以上的核反应堆维修员工获得应对正常工况和紧急情况所需的工作技能和技术水平，中核核电运行管理有限公司维修领域各处室和综合培训处在完成维修专业技能培训科目编制和教学实施工作的基础上，继续推动了《维修专业技能培训教材》转动机械合订本的出版工作。

《维修专业技能培训教材》转动机械合订本中所有科目于 2015 年编制完成。2016 年开始面向维修领域入职一年以上的员工进行教学实施，并纳入中核核电运行管理有限公司各维修处室的岗位培训清单。《维修专业技能培训教材》转动机械合订本的所属科目对维修领域的员工技能培训工作中起到了“提高维修技能水平、保障机组安全生产”的作用。为了更好发挥维修专业技能培训教材的作用，配合核电厂维修领域工作的顺利有序开展，便于培训部门有效地组织培训，正确引导学员通过培训、学习，提高自身素质和能力，中核核电运行管理有限公司综合培训处组织印刷出版《维修专业技能培训教材》转动机械合订本。

《维修专业技能培训教材》转动机械合订本内容紧扣维修领域入职一年后的员工所迫切需要掌握的维修相关技能；通过对核电厂共性专业设备中转动机械知识学习和基本操作技能演练，正确辨识相关参数，通过对核电厂共性转动机械设备基本操作演练，正确认识岗位上专业维修转动机械设备的基本操作方法，进而提升核电厂维修人员对转动机械设备进行规范操作的能力。

《维修专业技能培训教材》转动机械合订本包含 7 个章节。其中第一章 常用泵的检修工具专业技能培训、第二章 常用泵的检修量具专业技能培训由邢琎娟负责编写，第三章 单级双吸中开式离心泵专业技能培训由潘文清负责编写，第四章 往复泵解体检查专业技能培训、第五章 水环式真空泵解体检查专业技能培训、第六章 齿轮泵解体检查专业技能培训由张云华负责编写，第七章 多级离心泵及振动专业技能培训由杨宝负责编写。内容涵盖核电厂共性专业设备中转动机械的理论知识和基本操作技能。

《维修专业技能培训教材》转动机械合订本的编制出版，凝聚着编、审、校、排、印及组织管理人员的大量辛勤劳动和心血，同时得到了相关部门的大力支持和热情帮助，在此表示深深地谢意！

《维修专业技能培训教材》转动机械合订本中如有不妥之处，恳请批评指正。

中核核电运行管理有限公司

目　录

第一章　常用泵的检修工具

1.1　操作准备

1.1.1　原理描述

(1) 电动扳手

电动扳手是一种以电源或电池为动力，拧紧高强度螺栓的工具，如图 1-1、图 1-2 所示。一般高强螺栓的紧固都要先初紧再终紧，而且每步都需要有严格的扭矩要求，故各种电动扳手就是为各种紧固需要而来的。

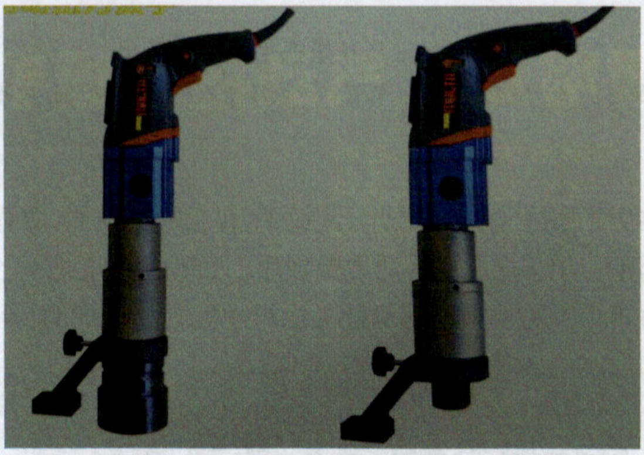

图 1-1　电动扭力扳手

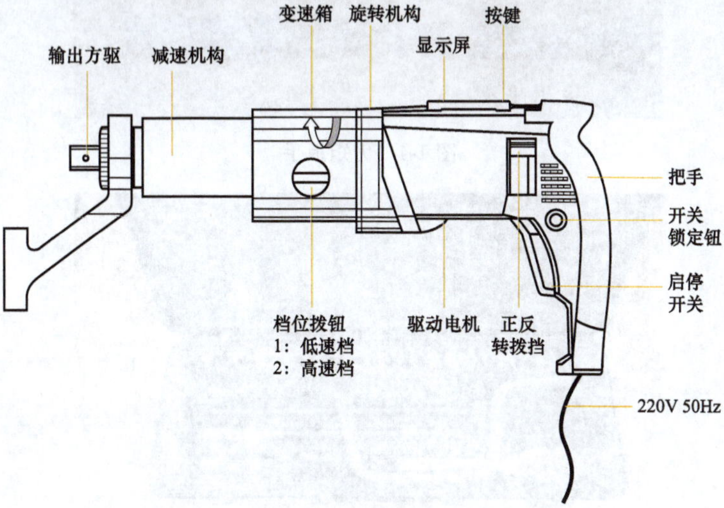

图 1-2　电动扭力扳手整体零部件

电动扳手种类很多,大类主要分为冲击扳手、扭剪扳手、扭矩扳手、转角扳手、角向扳手等。核电站常用的是电动扭矩扳手。电动扳手的主要特点是:使用寿命长、手柄和机壳材料散热好、功率大、耐冲击性强、拆装扭力大等。

(2) 液压扳手

液压扳手,全名为液压力矩扳手(hydraulic torque wrench)。常规的液压扭矩扳手套件,一般是由液压扭矩扳手本体、液压扭矩扳手专用泵站以及双联高压软管和高强度重型套筒组成,如图 1-3 所示。液压扭矩扳手专用泵可以是电动或者气动两种驱动方式。

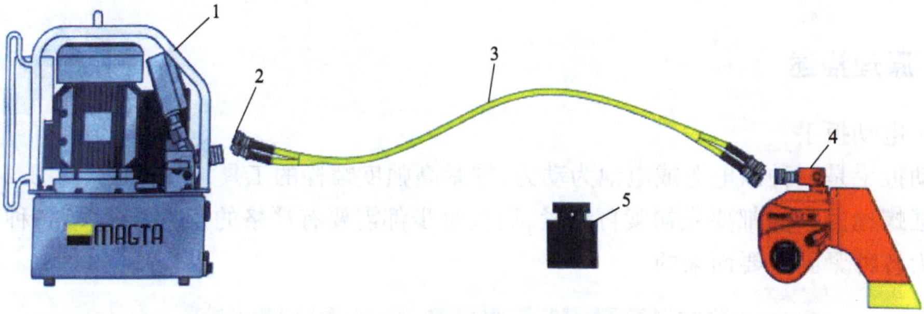

图 1-3 液压扭矩扳手配置示意

1—专用泵;2—快速接头;3—软管;4—液压扭矩扳手;5—套筒/过渡套

(3) 力矩扳手

力矩扳手又叫扭矩扳手、扭力扳手、扭矩可调扳手,是扳手的一种,如图 1-4 所示。按动力源可分为:电动力矩扳手、液压力矩扳手及手动力矩扳手。手动力矩扳手可分为:预置式、表盘式和数显式。一般情况下,力矩扳手需要根据螺母的外径尺寸配合相应的套筒头(图 1-5)使用。

图 1-4 力矩扳手

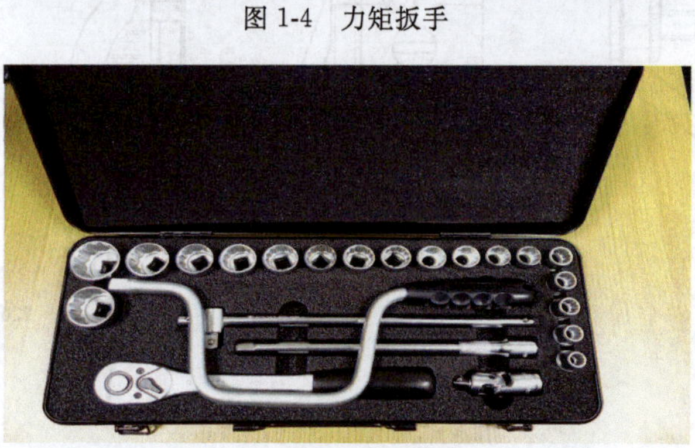

图 1-5 重型组合套筒

力矩扳手最主要的特征就是可以设定扭矩，并且扭矩可调。力矩扳手既可初紧又可终紧，它的使用是先调节扭矩，再紧固螺栓。实际使用中，需要根据需要的力矩值选择合适的力矩扳手型号。

(4) 轴承加热器

轴承加热器主要用于对轴承、齿轮、轴套、直径环、滑轮、收缩环等多种类型的金属件进行加热。轴承加热器通过加热使之膨胀，达到过盈装配的需要，见图 1-6。原理是较厚的金属处于交变磁场中时，会由于电磁感应现象而产生电流。而较厚的金属其产生电流后，电流会在金属内部形成螺旋形的流动路线，这样由于电流流动而产生的热量就都被金属本身吸收了，会导致金属很快升温。

图 1-6　SKF TMBH1 轴承加热器

(5) 划垫器

自制软垫片应用剪刀剪成带柄的垫片，需用量大时宜用划垫器(图 1-7)制作。

大直径的软垫片要拼接时，应剪得能够实现斜口搭接，不得采取平口对接。软垫片应装在两法兰密封面中间，且与它们同心，不得偏移。

图 1-7　划垫器

(6) 液压拉马

液压拉马是以油压起动杆直接前进移动，故推动杆本身不做转动。钩爪座可随螺纹直接做前进后退之调距，操作时只要把手前后小幅度摆动，油压起动杆前移，钩爪相对应后退，将被拉物体拉出。

液压拉马类别分为:一体式液压拉马(图 1-8)、分离式液压拉马、偶合器专用拉马、移动式液压拉马、分离式防滑液压拉马、车载式液压拉马等类型。

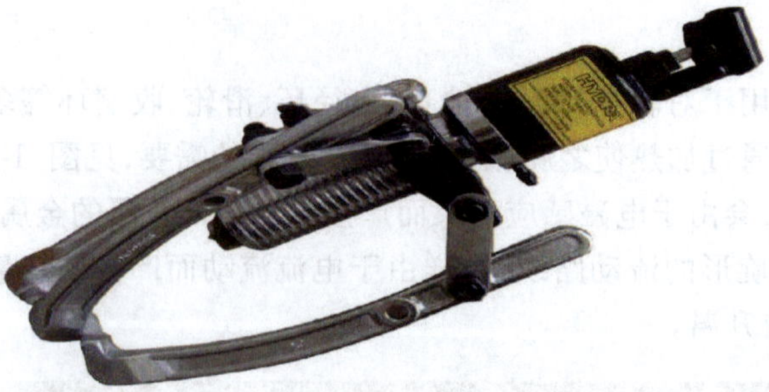

图 1-8　一体式液压拉马

(7) 液压千斤顶

千斤顶一般由压杆、大小活塞、单向阀、放油阀、油箱等部件组成。在工作中当压杆向上抬起时,小液压缸 1 的下腔形成部分真空,这时单向阀 2 关闭,单向阀 3 打开,油箱 4 内的油在大气压的作用下进入小液压缸下腔,完成一咨吸油动作。接着压下压杆,小液压缸下移,这时单向阀 3 开始关闭,单向阀 2 开始打开,小缸下腔的压力油进入大液压缸的下腔,推动大活塞将重物向上顶起一段距离。如此反复提压压杆,就可以使重物不断升起,达到起重的目的,如图 1-9 所示。

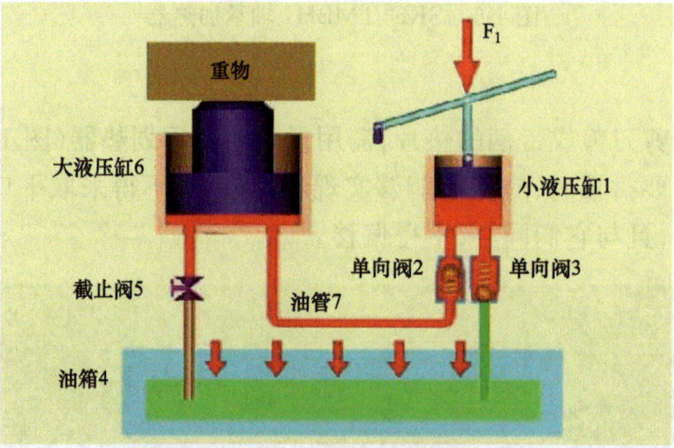

图 1-9　液压千斤顶工作原理图

1.1.2　文件准备

无。

1.1.3　工器具准备

(1) 电动扳手:1 个;
(2) 液压扳手:1 个;
(3) 力矩扳手:1 个;
(4) 轴承加热器:1 个;

(5) 划垫器:1个;
(6) 液压拉马:1个;
(7) 液压千斤顶:1个;
(8) 套筒:1组;
(9) 手套:1双;
(10) 螺栓:多组;
(11) 软垫片:1片;
(12) 法兰:1对。

1.1.4 模拟体准备

技能培训中心模拟体,模拟体处于可用状态。检查模拟体是否有损坏,核实可否正常动作,以确保教学过程的顺利实施。

1.1.5 辐射防护准备

技能培训中心模拟体无辐射风险,教学过程中需要模拟实施辐射防护,需要说明在现场实际工作中所要采取的防护措施。根据不同的辐射水平,所采取的辐射防护措施也有所不同,具体依照现场工作环境而确定,辐射防护的措施一般有以下内容:

(1) 穿戴辐射防护用具,如乳胶手套、口罩、纸衣等;
(2) 工作人员佩戴剂量率仪表,控制作业时间,做好防异物措施;
(3) 涉及零部件的运出,需要及时办理许可证。

1.1.6 工业安全准备

按照工业安全规定执行,所有人员穿戴劳动保护用品。具体的工业安全准备需根据现场环境而确定,但基本的工业安全需要准备。所有人员必须穿戴安全帽、防砸鞋、工作服、手套等。检修场地使用警示带进行围栏,确保工作过程中无非工作人员进入。

1.1.7 配合人员准备

无。

1.1.8 场地准备

铺设检修垫用于摆放工器具;清理场地,确保检修场地无其他异物;合理分配场地,确保工具、设备的合理分布,方便检修;在场地外围布置警示带。

1.2 操作实施

1.2.1 电动扳手

操作事项见表1-1。

表 1-1 电动扳手操作事项

序号	操作步骤	操作要求	工器具	测评标准
1	根据力矩值选择合适的电动扳手	选取合适的电动扳手	电动扳手	电动扳手选型正确
2	确认现场所接电源与电动扳手铭牌是否相符合	工器具使用正确	电动扳手	现场所接电源与电动扳手一致
3	确认电动扳手上开关处于断开状态	确认电动扳手上开关处于断开状态	电动扳手	电动扳手上开关处于断开状态
4	清理场地,确保操作过程不会伤人	清理场地	无	电动扳手反作用力点及操作正前方无人
5	根据模拟体螺母大小选择匹配的套筒并安装	根据螺母大小选择套筒	电动扳手	电动扳手套筒选型正确
6	送电,启动电动扳手电源	启动电动扳手电源	电动扳手	动作正常
7	操作结束,清理现场	工完料尽		

操作注意事项:

(1) 若作业场所在远离电源的地点,需延伸线缆时,应使用容量足够,安装合格的延伸线缆。延伸线缆如通过人行过道应高架或做好防止线缆被碾压损坏的措施。

(2) 尽可能在使用时找好反向力距支靠点,以防反作用力伤人。

(3) 使用时发现电动机碳火花异常时,应立即停止工作,进行检查处理,排除故障。此外碳刷必须保持清洁干净。

1.2.2 液压扭矩扳手

操作事项见表 1-2。

表 1-2 液压扭矩扳手操作事项

序号	操作步骤	操作要求	工器具	测评标准
1	检查确认液压扭矩扳手各部件完好	转动扳手观察其功能是否良好,检查高压软管的快速接头和油管,检查专用泵正常启动	液压扳手	扳手转动灵活,油管无裂,高压软管的快速接头连接到位,无松动和泄漏
2	清理现场确保紧固螺栓前方无人	清理现场	无	紧固螺栓前方无人
3	确认套筒的旋转方向	确认套筒的旋转方向处于松紧还是拆松	液压扳手	根据教员要求确认是松紧或拆松状态
4	调节泵压力	根据教员设定的力矩值调节压力值	液压扳手	根据设定力矩值调节压力值
5	找到合适的反力臂作用点		液压扳手	
6	开启专用泵紧固/拆分螺栓	由手持扳手者统一指挥进行操作	液压扳手	开启专用泵,用手持扳手紧固/拆分螺栓
7	整理液压扳手,将其放置在固定位置,操作结束,清理现场	检查油管是否有弯折,快速接头是否盖好。工完料尽	液压扳手	

操作注意事项：

(1) 使用液压扳手时，必须至少两个人操作(其中一个人操作液压泵，另一个人操作扳手)。

(2) 手持扳手者必须保持身体稳定、平衡。

(3) 在操作液压扳手前，必须确保：① 在即将被紧固螺栓的前方没有人；② 自己身体的任何部位没有正对即将被紧固螺栓的前提下，才能进行操作；③ 手持扳手者必须保持身体稳定、平衡。

(4) 液压扳手可以紧固和拆分螺栓，但是拆分时的力矩必须是紧固时的力矩的1.5～2倍。

(5) 当泵组油箱温度超过60 ℃时应该停机，待其冷却后再工作。

1.2.3 力矩扳手

操作事项见表1-3。

表1-3 力矩扳手操作事项

序号	操作步骤	操作要求	工器具	测评标准
1	选择合适的力矩扳手	根据力矩值选择合适的力矩扳手	力矩扳手	力矩值在力矩扳手的力矩范围内
2	设定力矩值调节扭矩	根据教员设定的力矩值调节扭矩	力矩扳手	调节扭矩至设定值
3	根据模拟体螺母大小选择匹配的套筒并安装	根据螺母大小选择套筒	力矩扳手	力矩扳手套筒选型正确
4	紧固螺栓	根据现场模拟体紧固螺栓	力矩扳手	紧固螺栓至指定力矩
5	操作结束，清理现场	工完料尽		

1.2.4 轴承加热器

操作事项见表1-4。

表1-4 轴承加热器操作事项

序号	操作步骤	操作要求	工器具	测评标准
1	确保电影电压在制定范围内，正确接上合适电源插头	接上合适的电源	轴承加热器	根据铭牌接上合适电源
2	先决工作准备	将轭铁放置在主机的端面上	轴承加热器	
3	连通电源	将插头插入电源	轴承加热器	此时温度显示最高值
4	将温度传感器插头插入温度测量孔内	将温度传感器插头插入温度测量孔内，温度显示到实温	轴承加热器	温度正确显示实时温度
5	检查接地是否良好	检查接地线	轴承加热器	通电后用测电笔测试

续表

序号	操作步骤	操作要求	工器具	测评标准
6	设置温度	按动仪表面数字按钮设定所需温度	轴承加热器	温度按照指定要求设置好
7	将传感器安装好	将传感器吸在座上	轴承加热器	传感器吸牢固
8	启动轴承加热器	按启动按钮	轴承加热器	成功启动
9	待工作温度升至所设定的温度,主机将自动停止工作	工作温度升至所设定的温度	轴承加热器	待至设定温度自动停止工作
10	操作结束,清理现场	工完料尽		

操作注意事项：

(1) 操作加热器时不可以佩戴手表、手机等物品。

(2) 选择和设备匹配的电源,电压波动不能超过10%。

(3) 工件要轻拿轻放,防止撞击设备。保护好温度检测探头。

(4) 禁止自行拆解设备。

(5) 设备的加热杆要妥善保管,防止接近高温和腐蚀性物质。

(6) 加热杆除了随设备附带的标准型外需要额外购买。

1.2.5　划垫器

操作事项见表1-5。

表1-5　划垫器操作事项

序号	操作步骤	操作要求	工器具	测评标准
1	工具准备好	准备好待剪的软垫片	软垫片	
2	用划垫器制作软垫片	根据模拟体法兰,用划垫器制作要求尺寸的垫片	划垫器	应剪得能够实现斜口搭接,不得采取平口对接
3	安装软垫片进行检验	将软垫片装在两法兰密封面中间	软垫片	法兰密封好
4	操作结束,清理现场			

1.2.6　液压拉马

操作事项见表1-6。

表1-6　液压拉马操作事项

序号	操作步骤	操作要求	工器具	测评标准
1	确认工器具标牌	确认工器具使用正确	液压拉马	确认液压拉马在有效期内

续表

序号	操作步骤	操作要求	工器具	测评标准
2	选用合适拉马	使用前必须估计被拉出物体所需力,选用合适拉马	液压拉马	
3	爪钩抓住所拉物体	把钩爪座调整到爪钩抓住所拉物体	液压拉马	抓钩钩牢所拉物体
4	拉出所拉物体	来回揿动活塞起动杆向前平稳前进,爪钩相应后退,把被拉物体拉出	液压拉马	用液压拉马成功拉出所拉物体
5	操作结束,清理现场			

操作注意事项:
液压拉马工作用油以抗磨液压油为宜,工作油须保证清洁。

1.2.7　液压千斤顶

操作事项见表 1-7。

表 1-7　液压千斤顶操作事项

序号	操作步骤	操作要求	工器具	测评标准
1	使用前检查	使用前必须检查各部件是否完好	千斤顶	仔细检查
		检查是否有漏油现象	千斤顶	仔细检查
2	操作	重物重心要选择适中,合理选择液压千斤顶的着力点,底面要垫平,同时要考虑到地面软硬条件,是否要衬垫坚韧的木材,放置是否平稳,以免负重下陷或倾斜	千斤顶	按操作要求进行操作
		使用时先将手动泵的快速接头与千斤顶对接,然后选好位置,将油泵上的放油螺钉旋紧,即可工作。欲使活塞杆下降,将手动油泵手轮按逆时针方向微微旋松,油缸卸荷,活塞杆即逐渐下降。否则下降速度过快将产生危险	千斤顶	按操作要求进行操作
		使用液压千斤顶时,应先将重物先试顶起一部分,仔细检查液压千斤顶无异常后,再继续顶升重物。若发现垫板受压后不平整、不牢固或液压千斤顶倾斜时,必须将液压千斤顶卸压回程,及时处理好后方可再次操作	千斤顶	按操作要求进行操作
		在顶升过程中,应随重物的不断上升及时在液压千斤顶下方铺垫保险枕木架,以防液压千斤顶倾斜或引起活塞突然下降而造成事故,下放重物时要逐步向外抽出枕木,枕木与重物间的距离不得超过一块枕木的厚度,以防意外发生	千斤顶	按操作要求进行操作
		若重物的顶升高度需超出液压千斤顶额定高度时,需先在液压千斤顶顶起的重物下垫好枕木,降下液压千斤顶,垫高其底部,重复顶升,直至需要的起升高度	千斤顶	按操作要求进行操作

续表

序号	操作步骤	操作要求	工器具	测评标准
3	使用过程注意事项	液压千斤顶使用时底部要垫平整、坚韧。无油污的木板以扩大承压面,保证安全。不能用铁板代替木板,以防滑动	千斤顶	底部坚实,无滑动
		起升时要求平稳,重物稍起后要检查有无异常情况,如无异常情况才能继续升顶。不得任意加长手柄或过猛操作	千斤顶	平稳,不使蛮力
		不超载、不超高。当套筒出现红线时,表明已达到额定高度应停止顶升	千斤顶	不超载、不超高
		液压千斤顶不可作为永久支承设备。如需长时间支承,应在重物下方增加支承部分,以保证液压千斤顶不受损坏	千斤顶	不可作为永久支承设备
		用户要根据使用情况定期检查和保养	千斤顶	定期检查和保养
		承载能力不可超负荷,选择液压千斤顶的承载能力需大于重物重力的 1.2 倍	千斤顶	定期检查和保养
		液压千斤顶最低高度合适,为了便于取出	千斤顶	高度合适
		若使用多台液压千斤顶顶升同一设备时,应选用同一型号的液压千斤顶	千斤顶	符合要求
		重物被顶升位置必须是安全、坚实的部位,以防损坏设备	千斤顶	重物被顶升位置合适

1.3 故障检查和处理

液压扳手出现漏油、压力上不去等现象的判断和处理方法

可能是由于高强度的工作导致油缸密封圈变形了,从而出现漏油和压力上不去;也可能是泵站长时间工作导致油温过高,出现了扳手头渗油。主要是液压扳手操作不当所引起的,没有合理的使用液压扳手,工作的时间太长或工作的强度太大,超出了液压扳手的负荷,导致液压扳手内部的损坏,从而出现了漏油的现象或压力上不去的现象。

1.4 操作结束

(1) 总结培训过程

在各个工具的操作使用前,首要要先确认标牌,清理场地,特别注意操作安全,能够熟练掌握常用检修工具。

(2) 评判

教员指出学员操作过程中的错误以及需要注意的事项,并且依据评判表,对学员的学习情况做出整体评判。

(3) 清理现场

工作结束后,做到工完料尽场地清。工具整理并与工具清单进行对比,确保工具无缺失,并检查工具的可用性,记录损坏情况并汇报。清理工作过程中的耗材,进行分类处理,放置到对应的塑料袋中。清理现场的塑料布、橡胶板,必要时用白布清理现场。

(4) 工后会

工后会是对整个工作的过程的回顾以及总结必要的经验。工后会应先回顾工作过程:工作许可证是否归还,场地是否清理,设备标牌是否完好。然后对检修任务进行评价,是否达到预期的目的,试验设备与工器具已经归还。工后会是对以后同类型的堵漏工作的经验总结积累,以提高工作的检修技能,能够更好地完成检修工作。

1.5 经验反馈

液压扳手泵不能加压的原因经验反馈

先对如下缺陷进行检查:① 释放阀门有缺陷;② 空气供应太低或空气软管太细;③ 电压太低;④ 仪表有缺陷;⑤ 油面太低;⑥ 滤油器阻塞。

针对缺陷的解决方法:① 检查、调整或更换释放阀门;② 确保空气供应和软管的尺寸与泵使用手册上的规定一致;③ 要确保电压、电流和延长线尺寸与泵使用手册上的要求一致;④ 更换仪表;⑤ 检查并注满泵的油箱;⑥ 检查、清理并更换泵滤油器。

1.6 习题

1.6.1 选择题

1. 力矩扳手按照动力源分,可以分为 (ABC)。

A. 电动力矩扳手　　B. 液压力矩扳手

C. 手动力矩扳手　　D. 表盘式扳手

2. 千斤顶在做一般定期试验时,以(A)倍容许工作荷重进行 10 分钟静力试验。

A. 1.1　　B. 1.2　　C. 1.5　　D. 2

3. 下列不是千斤顶顶起但无法保压的原因是(D)。

A. 油路间没有锁紧漏油　　B. 油封处漏油

C. 单向阀不密封　　D. 千斤顶柱塞卡死

1.6.2 判断题

1. 液压扭矩扳手专用泵只能是电动的方式驱动。 (×)

2. 力矩扳手使用时应严禁在尾部加套管或长柄,有专用配套附件(套管或长柄)除外。(√)

3. 力矩扳手除了可以拧紧螺栓时使用,也可以进行拆卸螺栓时使用。 (×)

4. 力矩扳手使用时必须确保所施加的扭矩值在扭矩范围内,选择扳手的条件最好以工作值在被选用扳手的量限制 20%～80%为宜。 (√)

5. 液压拉马的活塞起动杆有效距一般只有 50 mm。使用时伸距不得大于 50 mm,当没有拉出时停止,松开回油阀。 (√)

1.6.3 阐述题

液压扳手活塞不能前进或后退的原因是什么?

答:① 接头与扳手或液压泵连接不可靠;② 接头有缺陷;③ 遥控接头有缺陷;④ 泵的方向控制阀门中有污物。

1.6.4 实操题

鉴定点:液压拉马的操作

试题 1:液压拉马的使用

(1) 准备要求

考场准备:

① 试题名称:液压拉马的使用

② 本题分值:100

③ 考核时间:15 min

④ 考核形式:实操

⑤ 设备设施准备见表 1-8。

表 1-8　液压拉马的操作准备

序号	名称	规格	单位	数量	备注
1	模拟体		台	1	教学用模拟体一台
2	液压拉马		台	1	

考生准备:

① 试题名称:液压拉马的使用

② 本题分值:100

③ 考核时间:15 min

④ 考核形式:实操

⑤ 工具及其他准备:现场用被拉模拟体准备好

(2) 考核要求

① 本题分值:100

② 考核时间:15 min

③ 考核形式:实操

④ 具体考核要求:根据液压拉马的操作,熟悉其关键点

⑤ 否定项说明:无

(3) 配分与评分标准见表 1-9。

表 1-9 液压拉马操作的配分、评分标准

序号	考核内容	考核要点	配分	评分标准	扣分	得分
1	操作前准备	选择合适的液压拉马	20	检查工器具标牌，20 分		
2	观察转动扳手功能是否良好,检查高压软管的快速接头和油管,检查液压泵油箱是否充满液压油	开工先决条件检查	30	未进行拉力选用扣 30 分		
3	爪钩抓牢所拉物体	能够爪紧不脱落	20	爪钩未抓牢住所拉物体扣 20 分		
4	来回揿动活塞起动杆向前平稳前进,爪钩相应后退,把被拉物体拉出	顺利将物体拉出	20	未成功拉出所拉物体扣 20 分		
5	清理现场		10	工完料尽,10 分		
否定项:没有做好工业安全措施,发生物体脱落等不安全因素。						

鉴定点:液压扳手的操作

试题 2:液压扳手的使用

(1) 准备要求

考场准备:

① 试题名称:液压扳手的使用

② 本题分值:100

③ 考核时间:15 min

④ 考核形式:实操

⑤ 设备设施准备见表 1-10。

表 1-10 液压扳手的操作准备

序号	名称	规格	单位	数量	备注
1	模拟体		台	1	教学用模拟体一台
2	液压扳手		台	1	

考生准备:

① 试题名称:液压扳手的使用

② 本题分值:100

③ 考核时间:15 min

④ 考核形式:实操

⑤ 工具及其他准备:现场用被拉模拟体准备好

(2) 考核要求

① 本题分值:100

② 考核时间:15 min

③ 考核形式:实操

④ 具体考核要求:根据液压扳手的操作,熟悉其关键点

⑤ 否定项说明:无

(3) 配分与评分标准见表1-11。

表1-11 液压扳手操作的配分、评分标准

序号	考核内容	考核要点	配分	评分标准	扣分	得分
1	操作前准备	检查液压扳手标牌	10	检查工器具标牌,10分		
2	先决条件检查	转动扳手观察其功能是否良好、检查高压软管的快速接头和油管、液压泵油箱是否充满液压油、确认套筒的旋转方向	30	(1) 未进行扳手检查扣10分 (2) 未检查高压软管、快速接头、油管、油箱等各扣10分 (3) 未确认套筒的旋转方向扣10分		
3	清理现场确保紧固螺栓前方无人	确认工业安全	10	爪钩未抓牢住所拉物体扣10分		
4	调节泵压力	泵压力的调节	10	未调节压力扣10分		
5	成功开启液压泵紧固/拆分螺栓	扳手和液压泵配合	30	未能配合成功使用液压扳手扣30分		
6	清理现场	工完料尽	10	工完料尽,10分		

否定项:没有做好工业安全措施,发生物体脱落等不安全因素。

评分人: 年 月 日　　　　核分人: 年 月 日

第二章　常用泵的检修量具

2.1　操作准备

2.1.1　原理描述

(1) 水平仪

水平仪是一种测量小角度的常用量具，如图 2-1 所示。在机械行业和仪表制造中，用于测量相对于水平位置的倾斜角、机床类设备导轨的平面度和直线度、设备安装的水平位置和垂直位置等。按外形不同可分为：万向水平仪、圆柱水平仪、一体化水平仪、迷你水平仪、相机水平仪、框式水平仪、尺式水平仪；按水准器的固定方式又可分为：可调式水平仪和不可调式水平仪；按照材质分类可以分为：塑料水平仪、玻璃水平仪，塑料水平仪精度低，玻璃水平仪精度比较高。

图 2-1　水平仪

水平仪是以水准器作为测量和读数元件的一种量具。水准器是一个密封的玻璃管，内表面的纵断面为具有一定曲率半径的圆弧面。水准器的玻璃管内装有黏滞系数较小的液体，如酒精、乙醚及其混合体等，没有液体的部分通常叫作水准气泡。玻璃管内表面纵断面的曲率半径与分度值之间存在着一定的关系，根据这一关系即可测出被测平面的倾斜度。当水平仪发生倾斜时，水准管中气泡就向水平仪升高的一端移动，从而确定水平面的位置。水准管内壁曲率半径越大，分辨率就越高，曲率半径越小，分辨率越低，因此水准管曲率半径决定了水平仪的精度。

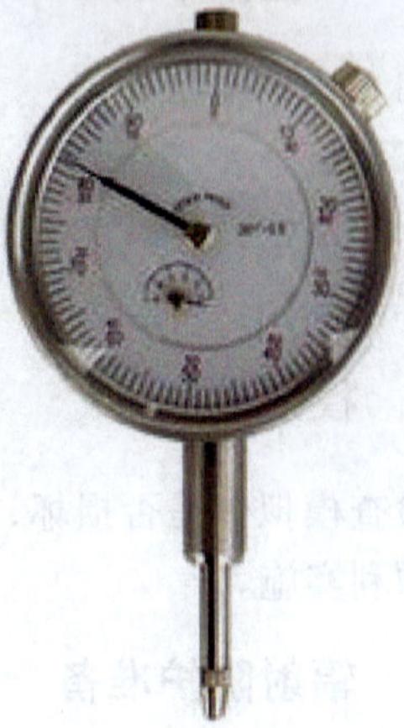

图 2-2　百分表

(2) 百分表

百分表是一种利用精密齿条齿轮机构制成的表式通用长度测量工具，如图 2-2 所示。通常由测头、量杆、防震弹簧、齿条、齿轮、游丝、圆表盘及指针等组成。分度值为 0.01 mm，测量范围为 0～3 mm、0～5 mm、0～10 mm。联轴器找中心、测量晃度等都会用到百分表。

百分表的工作原理是将被测尺寸引起的测杆微小直线移动，经过齿轮传动放大，变为指针在刻度盘上的转动，从而读出被测尺寸的大小。百分表是利用齿条齿轮或杠杆齿轮传动，将测杆的直线位移变为指针的角位移的计量器具。

百分表的读数方法:先读小指针转过的刻度线(即毫米整数);再读大指针转过的刻度线并估读一位(即小数部分),并乘以 0.01;然后两者相加,即得到所测量的数值。

(3) 磁性表座

磁性表座也称万向表座,如图 2-3 所示,是机器制造业用途最多,也是必不可少的检测工具之一,广泛适用于各类机床,同时还应用于各种科学研究中。它里面有一个圆柱体,在其中间放置一条条形的永磁铁,外面底座位置是一块软磁材料(软磁材料是指在较弱的磁场下,易磁化也易退磁的一种铁氧体材料)。

图 2-3　磁性表座

通过转动底座手柄,来转动里面的磁铁。当磁铁的两极(N 或 S)呈上下方向时,也就是磁铁的 N 极或 S 极正对软磁材料底座时,底座就被磁化了,具有强磁,所以能够用于吸住钢铁表面。而当磁铁的两极处于水平方向时(长条形磁铁的正中间只有极小的磁性),底座就不会被磁化,所以此时底座上几乎没有磁力,就可以很容易地从钢铁表面取下来了。

这个磁性表座利用了两个特性:(1) 软磁性材料的磁化和退磁快的特性;(2) 条形永久磁铁或恒磁磁铁的中间磁场极弱而两端磁场极强的特性。

2.1.2　文件准备

无。

2.1.3　工器具准备

(1) 水平仪:1 个;
(2) 百分表:1 个;
(3) 磁性表座:1 个;
(4) 工件:1 个。

2.1.4　模拟体准备

检查模拟体是否损坏,核实其是否正常动作,确认模拟体处于可用状态,以确保教学过程的顺利实施。

2.1.5　辐射防护准备

技能培训中心模拟体无辐射风险,用于在教学过程中模拟实施辐射防护,训练现场实际工作中所要采取的防护措施。根据不同的辐射水平,所采取的辐射防护措施也有所不同,具体依照现场工作环境而确定,辐射防护的措施一般有以下内容:

(1) 穿戴辐射防护用具,如乳胶手套、口罩、纸衣、细纱手套、防护眼镜等;
(2) 工作人员佩戴剂量率仪表,控制作业时间;
(3) 涉及零部件的运出,需要及时办理许可证。

2.1.6 工业安全准备

按照工业安全规定执行，所有人员穿戴劳动保护用具。具体的工业安全准备需根据现场环境而确定，但基本的工业安全需要准备。所有人员必须穿戴安全帽、防砸鞋、工作服、手套等。检修场地使用警示带进行围栏，确保工作过程中无非工作人员进入。

2.1.7 配合人员准备

无。

2.1.8 场地准备

清理场地，确保检修场地无其他异物；现场铺设白布用于摆放工器具；在场地外围布置警示带。

2.2 操作实施

2.2.1 水平仪

操作事项见表 2-1。

表 2-1 水平仪操作事项

序号	操作步骤	操作要求	工器具	测评标准
1	校准水平仪	使用水平仪应先行检查，先将水平仪放在平板上，读取气泡的刻度大小，然后将水平仪反转置于同一位置，再读取其刻度大小，若读数相同，即表示水平仪底座与气泡管相互间的关系是正确的。否则，需用微调螺丝调整直到读数完全相同，才可作测量工作	水平仪	水平仪反转后刻度与反转前一致
2	确认测评标准	确认工器具使用正确	水平仪	根据技术规范确认工件平行度标准
3	轻抬水平仪一端确认工件平行面位置，测量被测工件的横向/纵向水平度	将水平仪平行放置在被测工件测量其横向水平度，旋转 180°测量其纵向水平度	水平仪	与被测工件平行/垂直
4	正确读数	根据水平仪的刻度读数	水平仪	根据气泡的位置以 0 为基准读数
5	操作结束，清理现场	工完料尽		

操作注意事项：

由于水平仪的使用倾角很小，测量时使水平仪工作面紧贴被测表面，待气泡稳定后方可读数确认工件的平行面位置。

2.2.2　百分表

操作事项见表2-2。

表2-2　百分表操作事项

序号	操作步骤	操作要求	工器具	测评标准
1	确认百分表可以满足使用要求	确认工器具使用正确	百分表	确认百分表量程满足所测工件要求
2	检查百分表是否灵敏	用手指轻抵表杆底部,观察安装调整好的表针是否动作灵敏,能否回到原位	百分表	指针能回到原位
3	用百分表对工件进行测量	将百分表的测量杆与平面垂直对工件测量	百分表	测量平面,百分表的测量杆与平面必须垂直对工件测量
4	正确读数	根据百分表小指针转过的刻度线读数(毫米整数),再读大指针转过的刻度线(小数部分)	百分表	读数正确
5	计算最终数据	大指针转过的刻度线(小数部分),并乘以0.01与小指针读数毫米整数相加	百分表	计算正确
6	操作结束,清理现场	工完料尽		

操作注意事项:

(1) 使用前,应检查测量杆活动的灵活性。即轻轻推动测量杆时,测量杆在套筒内的移动要灵活,没有任何卡涩现象,每次手松开后,指针能回到原来的刻度位置。

(2) 使用时,必须把百分表固定在可靠的夹持架上。切不可贪图省事,随便夹在不稳固的地方,否则容易造成测量结果不准确,或摔坏百分表。

(3) 测量时,不要使测量杆的行程超过它的测量范围,不要使表头突然撞到工件上,也不要用百分表测量表面粗糙度大或有显著凹凸不平的工件。

(4) 测量平面时,百分表的测量杆要与平面垂直,测量圆柱形工件时,测量杆要与工件的中心线垂直,否则将使测量杆活动不灵或测量结果不准确。

(5) 为方便读数,在测量前一般都让大指针指到刻度盘的零位。

2.2.3　磁性表座

操作事项见表2-3。

表2-3　磁性表座操作事项

序号	操作步骤	操作要求	工器具	测评标准
1	检查磁性表座各零部件完好	确认工器具完好	磁性表座	各部件转动灵活
2	将磁性表座吸附牢固	打开磁性表座底座开关,将磁性表座吸附于合适的平面上	磁性表座	磁性表座吸附牢固

续表

序号	操作步骤	操作要求	工器具	测评标准
3	用磁性表座固定百分表	将百分表轴颈插于磁性表座表架横杆上的颈箍相应孔中，并旋紧螺栓	磁性表座、百分表	用磁性表座固定好百分表，并用手轻拉表座杆头确认表杆动作灵活，百分表可以随表杆转动
4	将磁性表座吸附牢固	打开磁性表座底座开关，接通磁路，将磁性表座吸附于合适的平面上	磁性表座、百分表	磁性表座吸附牢固
5	切断磁路	将磁性表座开关旋转至关闭，磁性表座即可由吸附面上取下	磁性表座	磁性表座可以取下
6	操作结束，清理现场	工完料尽		

2.3 故障检查和处理

常见故障现象和判断方法检查和处理见表 2-4。

表 2-4 故障检查和处理方法

序号	故障现象	判断方法	故障原因分析	故障排除方法
1	水平仪零位不准	未能正确指示零位	工器具过期未检定	更换新的水平仪
2	百分表指针移动迟缓或者卡死	用手指轻抵表杆底部，检查百分表指针移动情况	污染物残留在齿轮、齿轮轴，轴承细孔间出现毛刺，导杆以及导槽间污秽物残留，相应金属表面出现生锈现象	先要把表拆卸下来，同时将其放入进一个十厘米大小的玻璃器皿之中，倒入一定量的航空汽油，对表面进行有效的清理。在清理的过程中，需要手压住需要清洗的部分，再进行清洗，可以用不掉毛的刷子来进行去污。如果有微小生锈的现象，可以用小刀来帮忙。生锈太过于严重时，应换一个表面，来延长使用寿命
3	百分表指针摇摆稳定度欠缺	百分表指针摇摆	有游丝过松；即处于相对松弛的状态；以及预紧度不够；无法有效地承压	如果游丝处于相对松弛的状态，需要将长的指针旋转，根据松弛度来决定需要旋转几圈。同时，游丝如果是因为温度的原因出现问题，需要合理控制使用的温度。最后，需要避免使用过程中出现的游丝生锈、损伤现象，来更好地延长其使用寿命，更好地保证指针的稳定度
4	磁性表座测杆不能正确移动	磁性表座测杆移动不灵活	颈箍夹百分表轴颈时，夹得太紧	磁性表座上的各个螺栓要拧紧，颈箍夹百分表轴颈时，不可夹得太紧，否则会影响测杆的正常移动

2.4 操作结束

(1) 总结培训过程

在各个工具的操作使用前,首要要先确认工器具标识标牌,确认测量工具必须在有效期内,在使用过程中对测量工具要进行有效的保护,操作完成后,将工器具放置在相应保护盒中再归还工具,整个培训过程中应特别注意工业安全操作,能够熟练掌握常用检修量具。

(2) 评判

教员指出学员操作过程中的错误以及需要注意的事项,并且依据评判表,对学员的学习情况做出整体评判。

(3) 清理现场

工作结束后,做到工完料尽场地清。工具整理并与工具清单进行对比,确保工具无缺失,并检查工具的可用性,记录损坏情况并汇报。清理工作过程中的耗材,进行分类处理,放置到对应的塑料袋中。清理现场的塑料布、橡胶板,必要时用白布清理现场。

(4) 工后会

工后会是对整个工作的过程的回顾以及总结必要的经验。工后会应先回顾工作过程:工作许可证是否归还,场地是否清理,设备标牌是否完好。然后对检修任务进行评价,是否达到预期的目的,试验设备与工器具已经归还。工后会是对以后同类型的堵漏工作的经验总结积累,以提高工作的检修技能,能够更好地完成检修工作。

2.5 经验反馈

(1) 百分表在对中操作中发挥着重要作用。

① 百分表针起始测量点设置不当和量程选取不当。可能导致探针在转动过程中悬空或卡死。解决办法是尽量选取合适的百分表(初对中时),并把起始点设置在量程测点附近。采取多次测量,选取最稳定的一组读数。

② 百分表表针、表杆卡滞将导致读数不准确。主要通过定期标定和检查百分表的表针运转灵活性和远离强磁场来避免。

(2) 2013 年 3 月 7 日,一厂 114 大修主给水泵检修现场发现有过校验期的百分表及使用工具不规范现象。对此 QC 组发出整改单:R14-CAN-001 进行整改。

经验反馈:在使用百分表及其他量具时首先要检查量具的有效期是否存在过期现象。过期后的量具应重新标定后才可使用。

2.6 习题

2.6.1 选择题

(1) 水平仪是一种测量(A)的常用量具。

A. 角度　　B. 长度　　C. 垂直度

2.6.2 判断题

(1) 用百分表测量时，为方便读数，在测量前一般都让大指针指到刻度盘的零位。(√)
(2) 磁性表座是测量长度的仪器。(×)

2.6.3 阐述题

简述使用百分表的注意事项。

答：① 使用前，应检查测量杆活动的灵活性。即轻轻推动测量杆时，测量杆在套筒内的移动要灵活，没有任何卡涩现象，每次手松开后，指针能回到原来的刻度位置。

② 使用时，必须把百分表固定在可靠的夹持架上。切不可贪图省事，随便夹在不稳固的地方，否则容易造成测量结果不准确，或摔坏百分表。

③ 测量时，不要使测量杆的行程超过它的测量范围，不要使表头突然撞到工件上，也不要用百分表测量表面粗糙度大或有显著凹凸不平的工件。

④ 测量平面时，百分表的测量杆要与平面垂直，测量圆柱形工件时，测量杆要与工件的中心线垂直，否则，将使测量杆活动不灵或测量结果不准确。

⑤ 为方便读数，在测量前一般都让大指针指到刻度盘的零位。

2.6.4 实操题

试题 1：水平仪的使用

(1) 准备要求

考场准备：

① 试题名称：水平仪的使用
② 本题分值：100 分
③ 考核时间：10 min
④ 考核形式：实操
⑤ 设备设施准备见表 2-5。

表 2-5 水平仪的操作准备

序号	名称	规格	单位	数量	备注
1	工件		台	1	教学用模拟体一台
2	水平仪		台	1	

考生准备：

① 试题名称：水平仪的使用
② 本题分值：100 分
③ 考核时间：10 min
④ 考核形式：实操
⑤ 工具及其他准备：现场用被测工件准备好

(2) 考核要求

① 本题分值:100

② 考核时间:10 min

③ 考核形式:实操

④ 具体考核要求:根据水平仪的操作,熟悉其关键点。

⑤ 否定项说明:无

(3) 配分与评分标准见表 2-6。

表 2-6 水平仪操作的配分、评分标准

序号	考核内容	考核要点	配分	评分标准	扣分	得分
1	确认工器具及测评标准	确认工器具正确使用	20	检查工器具在有效期内,10分;根据技术规范确认工件平行度标准,10分		
2	轻抬水平仪一端确认工件平行面位置,测量被测工件的横向/纵向水平度	正确使用水平仪	30	未能正确放置水平仪扣 30 分		
3	正确读数	正确读书	40	读数不正确扣 40 分		
4	清理现场	养成良好的行为习惯	10	工完料尽,10 分		

否定项:没有做好工业安全措施,发生物体脱落等不安全因素。

试题 2:百分表的使用

(1) 准备要求

考场准备:

① 试题名称:百分表的使用

② 本题分值:100

③ 考核时间:10 min

④ 考核形式:实操

⑤ 设备设施准备见表 2-7。

表 2-7 百分表的操作准备

序号	名称	规格	单位	数量	备注
1	工件		台	1	教学用模拟体一台
2	百分表		台	1	

考生准备:

① 试题名称:百分表的使用

② 本题分值:100

③ 考核时间:10 min

④ 考核形式:实操

⑤ 工具及其他准备:现场用被拉模拟体准备好

(2) 考核要求

① 本题分值:100

② 考核时间:10 min

③ 考核形式:实操

④ 具体考核要求:根据百分表的操作,熟悉其关键点。

⑤ 否定项说明:无

(3) 配分与评分标准见表 2-8。

表 2-8　百分表操作的配分、评分标准

序号	考核内容	考核要点	配分	评分标准	扣分	得分
1	操作前准备,确认百分表在有效期内并确认百分表量程满足要求	检查工器具标牌,确认量程范围	20	检查工器具标牌,确认量程范围,20 分		
2	检查百分表是否灵敏	观察安装调整好的表针是否动作灵敏,能否回到原位	10	未检查灵敏度扣 10 分		
3	用百分表测量对工件进行测量	百分表的测量杆与平面必须垂直对工件测量	20	正确使用百分表,20 分		
4	正确读数	先读小指针转过的刻度线(毫米整数),再读大指针转过的刻度线(小数部分),并乘以 0.01,然后两者相加	40	读数不正确扣 40 分		
5	清理现场	良好的行为习惯	10	工完料尽,10 分		
否定项:没有做好工业安全措施,发生物体脱落等不安全因素。						

第三章　单级双吸中开式离心泵

3.1　操作准备

3.1.1　泵

泵是把机械能转变为所输送的流体的势能和动能的一种动力设备。泵所输送的流体有水、化学溶液、药剂、油类以及液态金属等。

在核电厂的运行中，泵起着重要的作用，在核电站中的运用也极为广泛。容器与容器之间流体的传输，都需要泵输送。系统处于较低液位或处于较低压力的一侧，与泵的入口相接，作为泵的上游；接收流体的一侧作为泵的下游。或者使液体在一个闭式回路中循环，此时，泵的能量仅用于克服在回路中损失的压头，反应堆冷却剂系统正是利用主泵的能量来克服反应堆冷却剂流经主管道、反应堆和蒸汽发生器循环时的压头损失。

在核电厂的一、二回路及其辅助系统中，只要有液体输送的地方就离不开泵，如反应堆冷却剂系统中的反应堆冷却剂泵(简称主泵)、蒸汽给水回路中的主给水泵、凝结水泵、循环冷却水系统中的海水循环泵以及辅助系统中的一回路海水泵、高压安注泵、离心上充泵等。此外，为了保证核电厂正常运行以及在应急工况下，消除或减少系统事故，还有很多为核电厂主工艺配套的大量的辅助泵投入运行。核电厂的主要工艺系统和辅助系统中采用各种类型的泵，其总装机容量大约为核电机组功率的 8%～12%。

泵的具体功能有：(1) 提升作用，提高液体势能(静压能)和动能(流速)既扬程；(2) 抽吸作用，可将低液位水槽和水池的液体吸入泵中即扬程。

(1) 离心泵的工作原理

离心式水泵的工作原理是用原动机带动水泵叶轮转动，叶轮中的叶片对其中的流体做功，迫使它们旋转，旋转的流体在惯性离心力的作用下，从中心向边缘流去，其压力和速度不断提高，最后以很高的流速和压力流出叶轮进入泵壳内。其优点是效率高、性能可靠、流量均匀、容易调节，应用最为广泛。

(2) 离心泵分类

① 按产生的全压高低分类：小于 2 MPa 为低压泵，在 2 MPa 和 6 MPa 之间的为中压泵，大于 6 MPa 为高压泵。

② 按结构布置分类：立式泵、卧式泵等。

③ 按在生产中的用途分类：给水泵、凝结水泵、循环水泵、油泵、灰浆泵等。

④ 按叶轮的个数分类

可分为单级泵和多级泵。单级泵的泵壳中只有一个叶轮。多级泵即在同一根泵轴上装有两个或两个以上叶轮的离心泵，这种泵工作时，液体顺序地通过泵轴上的各个叶轮，液体每经过一个叶轮，能头便提高一次，其通过泵所获得的总能头等于在各个叶轮中提高能头的总和。因此，多级泵又以叶轮的个数来分级，一个叶轮算一级。

⑤ 按叶轮的吸入液体方式分类

可分为单吸泵和双吸泵，单吸泵将液体从一侧吸入叶轮，双吸泵从叶轮的两侧都同时吸入液体。

⑥ 按导叶机构的形式分类

可分为蜗壳式泵和导叶式泵，蜗壳式泵是具有蜗牛壳形状泵体的离心泵，导叶式泵是在叶轮外围安装有几个固定导叶片的泵。

⑦ 按泵体接缝形式分类

可分为具有水平接缝的泵(中开式泵)和具有垂直接缝的泵。

⑧ 按输送液体性质和用途不同分类：一般离心水泵、离心式井泵、离心式油泵、锅炉给水泵等。

离心泵的分类多种多样，在实际情况中一般依靠几个分类的共同组合，才能最终清楚说明。

3.1.2 离心泵原理描述

(1) 离心泵的原理

离心泵在启动前，先向泵体内充满被输送的液体，叶轮在泵轴的带动下高速旋转，液体由叶轮中心被甩到叶轮外缘，这时叶轮中心产生真空，与吸入端液面形成一定的压差，在此压差的作用下液体从泵的吸入口流向叶轮中心，泵轴不停地旋转，叶轮不停地吸入和排出液体。

(2) 离心泵的结构特点

离心泵的主要部件包括：叶轮、轴封、口环、轴承、轴承箱、叶轮，如图 3-1 所示。

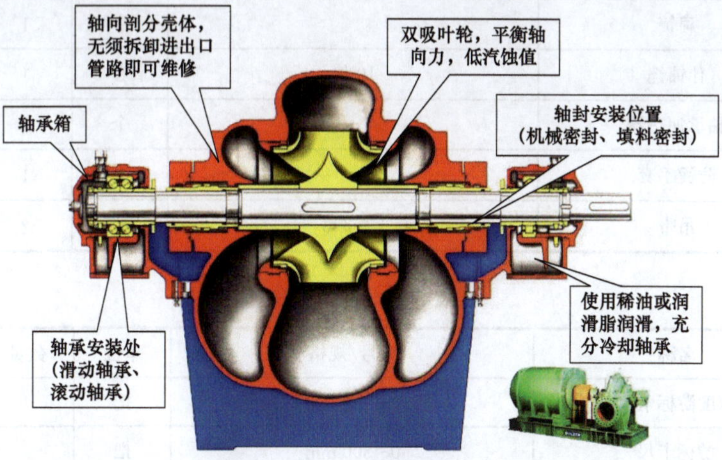

图 3-1 离心泵结构示意图

3.1.3 文件、工器具准备

(1) 文件准备

文件准备包括:凝结水升压泵解体检查规程(QWG.01-QWG.01.39-A1.3)、工作包(工前、工后会记录表)。

(2) 工器具准备

所需工具、量具、材料如表 3-1～表 3-3 所示。

表 3-1 工具清单

序号	名称	型号/规格	单位	数量	备注
1	榔头	8 lb、1.5 lb	把	1	
2	铜棒		根	1	
3	撬杠		根	2	
4	手电		把	1	
5	橡皮锤		把	1	
6	剪刀		把	1	
7	水泵钳		把	2	
8	拉马	300	个	1	
9	一字敲击螺丝刀		把	1	
10	套筒扳手	32 件	套	1	
11	开口扳手	10 件	套	1	
12	梅花扳手	10 件	套	1	
13	扁铲		个	1	
14	什锦锉	10 件	套	1	
15	轴承加热器		个	1	
16	防烫手套		副	1	
17	吊带	2 t,2 m	根	2	

表 3-2 量具清单

序号	名称	型号/规格	单位	数量	精度
1	深度游标卡尺	0～200 mm	把	1	0.02 mm
2	游标卡尺	0～300 mm	把	1	0.02 mm
3	塞尺	200	把	1	0.02 mm
4	百分表	10 mm	块	2	0.01 mm

续表

序号	名称	型号/规格	单位	数量	精度
5	百分表架		套	2	
6	V 型铁		块	2	
7	刀型尺	100 mm	把	1	0.02 mm
8	内径千分尺	0～600 mm	把	1	0.01 mm
9	外径千分尺	25～75 mm	把	1	0.01 mm

表 3-3　材料清单

序号	名称	规格	单位	数量	备注
1	记号笔		支	1	
2	白布		m	2	
3	砂纸	1号、2号、0号	张	4	
4	塑料布		m	5	
5	锂基润滑脂	壳牌锂基润滑脂 Stamina RL2	kg	0.5	
6	松锈剂	乐泰	瓶	2	
7	清洗剂		瓶	3	
8	胶皮		kg	10	
9	铜皮	各种厚度			若干
10	青稞纸	各种厚度			若干
11	封箱带	3 M	卷	1	

3.1.4　模拟体准备

单级离心泵技能培训需要一台与单级双吸中开式离心泵结构完全相同的模拟体，要求结构完整，状况良好。

3.1.5　辐射防护准备

模拟实际工作情况做如下辐射防护准备：

（1）办理辐射防护许可证；

（2）建立辐射防护工作区域，铺设地面防污染布，设置辐射防护警示绳，设立辐射工作隔离牌；

（3）做好必备的个人辐射防护工作：穿连体工作服、工作鞋，戴细纱手套、塑胶手套、口罩等，出入隔离区换鞋或穿鞋套；

(4) 注意：避免维修实施过程中因辐射防护用具破损、脱落导致防护失效情况的发生；

(5) 在泵解体等放射性剂量较高的工作场合，应有放射科人员进行现场监测、监控，必要时对高放射性管道及水泵部件采取屏蔽、去污等防护措施；

(6) 在放射性松散物的区域工作，作业人员要穿好纸衣，防止辐射松散物玷污；在辐射粉尘较高的区域工作，作业人员要穿气衣，防止放射粉尘吸入。

在放射性区域现场作业，必须遵循辐射防护三原则，避免不必要的剂量辐射，降低作业人员的辐射伤害。

3.1.6 工业安全准备

(1) 个人防护准备

① 个人防护用品使用：安全帽，工作服、防砸鞋、手套；

② 防人因工具的使用：开工前工后会，工作中进行三向交流、使用明星工作法。

(2) 工业安全

隔离确认：解体前确认电机已断电，泵进出口阀门已隔离正确，疏水完成。

防设备损伤风险：机械密封、泵轴螺纹部位，泵盖密封面等注意保护，防止磕碰造成设备损伤。

防异物风险：泵解体后，泵腔及轴承箱防异物措施准备(塑料布封堵开口)。

起重作业风险：确认现场吊装工器具合格，泵解体吊装前必须确认所有的螺栓连接管线已完全拆除。

工具使用风险：工具使用前检查工具的可用性、有效性、安全性，检查专用量具的可用性，需标定的量具应在标定有效期内。

机械伤害：工作中戴好个人防护用品，防止碰撞、挤压等不必要的机械伤害。防火：工作中有动火要求的必须办理动火证。

3.1.7 配合人员准备

人员准备情况见表 3-4。

表 3-4 配合人员准备情况

工种	人数	资格要求
机械	1	主检修工
机械	3	辅助检修工
起重	2	起重工

3.1.8 场地准备

(1) 设立工作隔离区，拉警示绳、挂工作区隔离牌；

(2) 在检修场地上铺设胶皮，划分零部件摆放处、备件存放处及工器具摆放处并相应覆盖塑料布，各工具、备件、量具应摆放整齐有序，人员离开时需放置物项暂存牌；

(3) 水泵开口作业时，划定防异物控制区；

(4) 搭建泵转子拆装脚手架；

(5) 工作区域灯光照明及通风良好。

3.2 操作实施

3.2.1 解体前实施工作

具体实施工作见表 3-5。

表 3-5　解体前实施工作明细

序号	操作步骤	操作要求	操作工器具	测评标准
1	工作 前准备	(1) 办理工作票、辐射防护票(如需)； (2) 确认泵解体安措已实施； (3) 开工前会； (4) 备件、材料、工器具、量具准备		(1) 已办理工作许可证与辐射许可证； (2) 安措已确认； (3) 工作安排、人员分工，重要步骤讲述，安全风险分析等已在工前会描述； (4) 备件材料齐全，工器具、量具检查合格
2	工作现场布置	(1) 检修现场建立工作隔离区； (2) 工作场地布置	塑料布、胶皮、警示绳	(1) 设置隔离带及警示牌； (2) 工作现场设备和工具摆放整齐
3	泵外观清理	泵盖、机封压盖、轴承箱压盖、托架、联轴器外观清理	擦拭纸、清洗剂	泵体外观干净，无明显污物
4	泵的各配合处做好原始标记	(1) 标记清晰准确； (2) 各配合处标记要有区分	记号笔	(1) 记号清晰齐全； (2) 记号可用单直线、双直线、交叉线标记
5	检查并记录泵与电机原始对中	(1) 拆除联轴器罩； (2) 在联轴器相对位置处标注记号，拆除联轴器联接螺丝，取下中间联轴器中间段； (3) 盘车检查对中，每转动 90°检查测量一次对中数据； (4) 计算出轴向与径向最大偏差； (5) 测量联轴器轴向间距	刀型尺、塞尺、手电、百分表、百分表架	(1) 轴向、径向对中偏差值均≤0.05 mm； (2) 联轴器轴向间距：2～4 mm

3.2.2 解体拆卸

具体解体拆卸工作见表 3-6。

表 3-6 解体拆卸工作明细

序号	操作步骤	操作要求	操作工器具	测评标准
1	拆除泵盖	(1) 拆除泵解体中涉及的轴承箱、机械密封冷却水管; (2) 拆除泵两侧机械密封压盖固定螺栓,并两端机械密封压盖与泵体脱开; (3) 拆除水泵中分面固定螺丝与定位销; (4) 将泵盖平稳吊至检修场地,注意起吊过程中不能带起其他泵部件; (5) 利用塞尺测量并记录叶轮密封环与泵体密封环间隙	扳手、撬棍、塞尺	(1) 叶轮密封环与泵体密封环径向间隙 0.22~0.32 mm; (2) 叶轮密封环与泵体密封环轴向间隙>1 mm; (3) 两端叶轮密封环与泵体密封环轴向间隙差值<0.50 mm
2	吊出转子部件	(1) 测量并记录叶轮与蜗壳中心位置偏差; (2) 拆除自由端轴承端盖固定螺栓,取下轴承端盖; (3) 测量并记录转子轴向窜动总量; (4) 拆除水泵两端轴承压盖螺丝、定位销,取下轴承室上部压盖; (5) 测量并记录轴承室上部压盖给轴承的压紧力; (6) 测量并记录轴承两侧间隙及顶部间隙; (7) 将转子平稳从泵壳上吊离,并平稳的运输到检修区域	扳手、铅丝、塞尺、手拉葫芦、吊带	(1) 叶轮与蜗壳中心位置偏差(均布,无磨擦); (2) 测量并记录轴承室上部压盖给轴承的压紧力。(0.01~0.05 mm); (3) 测量并记录轴承两侧间隙及顶部间隙(轴径×(0.2%~0.25%))
3	解体转子部件	(1) 利用钩头扳手拆除轴承锁紧螺母,拆除推力轴承组件; (2) 利用拉马拆除联轴器,然后依次取下油封、轴承室内侧端盖、叶轮两侧密封环; (3) 取下机械密封压盖,并将机械密封静环从压盖内取出; (4) 拆除机械密封动环组件固定螺栓,取下机械密封动环组件并解体; (5) 利用钩头扳手松开密封轴套锁紧螺母,并拆除注意,两端螺母旋转方向相反; (6) 拆除减压套、密封轴套及叶轮	钩头扳手、拉马扳手、螺丝刀、铜棒、榔头、橡皮锤	

3.2.3 部件清洗、检查与更换

具体工作见表 3-7。

表 3-7 部件清洗、检查与更换工作明细

序号	操作步骤	操作要求	操作工器具	测评标准
1	清理并清洗各零部件	(1) 螺栓清洗后,检查螺栓是否有论文损坏的情况; (2) 泵盖密封垫铲除后需用砂纸清理确保密封面平整光滑; (3) 清洗过的零部件需摆放整齐且用塑料布覆盖防止二次污染; (4) 轴承体内清洗干净并检查油位视窗是否清晰; (5) 清洗轴承冷却水室和冷却水管道,并检查有无泄漏	清洗剂、铲刀、砂纸、塑料布、擦拭纸、白布	(1) 零部件清洗干净; (2) 密封面无损伤,无贯穿性划痕

续表

序号	操作步骤	操作要求	操作工器具	测评标准
2	检查泵轴	检查并记录泵轴弯曲度,检查泵轴外观		(1) 检查泵轴弯曲度填写泵轴检查记录表; (2) 外观无毛刺、无裂纹、无磨损、螺牙无翻牙与螺母配合无松动
3	检查轴承	检查滑动轴承瓦面		瓦面是否有磨损、烧伤,巴氏合金是否脱胎等情况

3.2.4　泵的组装与回装

具体工作见表 3-8。

表 3-8　泵的组装与回装工作明细

序号	操作步骤	操作要求	操作工器具	测评标准
1	回装前异物检查	泵腔与轴承室回装前都需进行异物检查	手电	泵腔与轴承室清洁,无异物遗留
2	回装泵轴、叶轮、轴套	(1) 将键放好,再将叶轮套装到泵轴上; (2) 泵轴两端分别装入轴套,用轴套锁紧螺母备紧; (3) 将密封环套在叶轮两端轮毂上; (4) 将密封静环部件安装到密封压盖中	铜棒、橡皮锤、深度游标卡尺	(1) 注意检查叶轮安装方向是否准确; (2) 检查密封静环到压盖端面间距离在 3.5±0.5 mm
3	机械密封组装	(1) 机械密封动环组件组装步骤:将弹簧装入弹簧座内,再将推环压入弹簧座内,将推环在弹簧座内旋转一定角度,保证推环不会被弹簧弹出。将带有 O 形圈的动环装入弹簧座内; (2) 两端分别装入卸压套; (3) 将组装好的动环组件回装到机械密封轴套上,并缩紧固定螺栓; (4) 装入泵轴,在泵轴插入联轴器时要注意销孔的方向,位置对准; (5) 将组装好的机械密封压盖回装到泵转子上	橡皮锤、榔头、铜棒、梅花扳手、内六角扳手	应该利用合适的外部固定方式将密封动静环固定,以防止在运输过程中损坏机械密封
4	转子部件整体回装	(1) 两端分别装入轴承端盖、挡油圈、甩油环、调整垫; (2) 在非驱动端装入滚动轴承组件,旋紧固定螺母; (3) 将联轴器回装到转子部件上; (4) 将两端轴承下瓦安装到轴承室内,在瓦面上滴上几滴润滑油; (5) 把转子吊放入泵座内	橡皮锤、榔头、铜棒、梅花扳手、轴承加热器	检查卸压套是否安装到位

续表

序号	操作步骤	操作要求	操作工器具	测评标准
5	确认叶轮位置	(1) 检查并记录叶轮与密封环间隙; (2) 检查并记录叶轮与蜗壳中心位置偏差,如果有问题依靠调整垫来调整叶轮与流道位置; (3) 用手盘动转子应无轻重	塞尺、 游标卡尺	(1) 叶轮密封环与泵体密封环径向间隙 0.22~0.32 mm; (2) 叶轮密封环与泵体密封环轴向间隙＞1 mm; (3) 两端叶轮密封环与泵体密封环轴向间隙差值＜0.50 mm
6	回装轴承、测量相关数据	(1) 回装两端上瓦,利用塞尺测量并记录轴承径向间隙; (2) 检查确认两端轴承室内清洁,无异物; (3) 回装两端轴承体上盖,测量并记录轴承体上盖对轴承的压紧力; (4) 在轴承室端盖密封垫片上薄薄的涂抹一侧密封胶,注意密封胶用量不能太多,以免影响油质; (5) 回装泵体传动端轴承室两侧端盖; (6) 测量并记录转子部件推力间隙,如果超过要求,依靠调整垫片厚度或车削压盖进行调整; (7) 完成总窜动量调整后恢复自由端轴承室两侧端盖; (8) 油挡安装位置检查和螺钉拧紧确认。油挡定位螺钉需采用锥形定位螺钉,并在轴上相对位置进行定位	塞尺、百分表、百分表架、外径千分尺、深度游标卡尺、铅丝	(1) 滑动轴承径向间隙轴径×(0.2%~0.25%); (2) 轴承体上盖对轴承的压紧力 0.01~0.05; (3) 转子部件推力间隙 0.15~0.25 mm; (4) 油挡与轴承室端盖间隙控制在 0.75~1 mm
7	固定机械密封动环位置,测量泵盖对于密封环压紧力,制作密封垫回装泵壳	(1) 调整机械密封动环组件位置,保证弹簧座底面到泵盖密封端面距离在 70±0.5 mm,然后锁紧密封动环组件固定螺栓; (2) 泵盖接合面压铅丝,计算需要制作的密封垫厚度,保证泵盖对密封环压紧力; (3) 制作泵结合面密封垫,并且平整放置在泵壳结合面处,在密封垫两侧薄薄的涂抹一侧密封胶,注意密封胶用量不能太多; (4) 盖上泵盖,装入定位销钉及螺栓并把紧; (5) 向两端轴承箱加注润滑油; (6) 用手盘动转子应无轻重	内六角扳手、铅丝、外径千分尺、青稞纸、厌氧密封胶	(1) 泵盖对密封环压紧力 0~0.03 mm; (2) 加油的油位确认在油位镜的 2/3
8	泵与电机对中	(1) 泵与电机进行重新对中,测量并记录对中记录; (2) 恢复联轴器连接螺栓; (3) 恢复冷却水管	百分表、百分表架、撬棍、梅花扳手、手锤、铜棒、铜皮	(1) 轴向、径向对中偏差值均≤0.05 mm; (2) 联轴器轴向间距 2~4 mm

维修记录具体的维修记录参见表 3-9～表 3-13。

表 3-9　解体前后联轴器对中记录

设备名称		设备编码	
检修日期		检修成员	

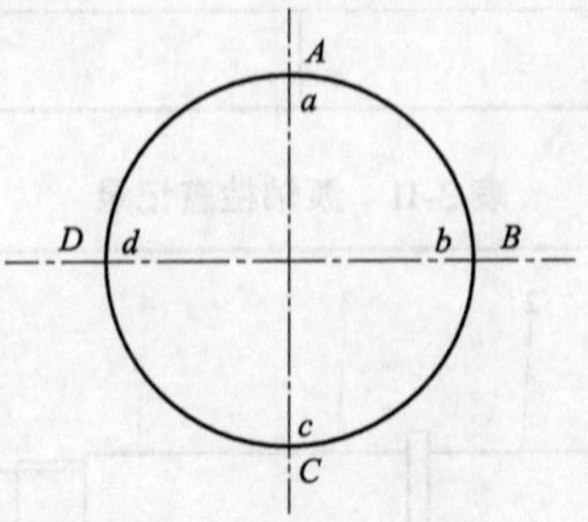

解体前泵联轴器对中情况						对轮间距	
圆周值	$(A-C)/2$	$(B-D)/2$	平面值	$a-c$	$b-d$	标准	N/A
<0.05			<0.05			实测	
解体后泵联轴器中心找正						对轮间距	
圆周值	$(A-C)/2$	$(B-D)/2$	平面值	$a-c$	$b-d$	标准	N/A
<0.05			<0.05			实测	
记录人签名/日期				工作负责人签名/日期			

表 3-10　叶轮、密封环间隙检查

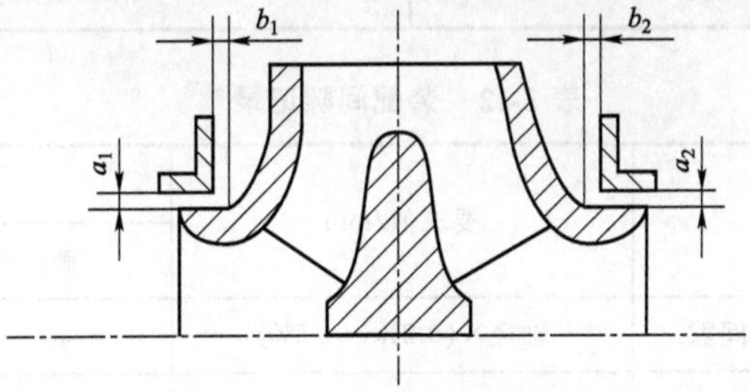

项目名称	叶轮密封环与密封环径向间隙							
测量点	a_1				a_2			
标准值	0.22～0.32				0.22～0.32			
修前值								
检查值								
修后值								

续表

项目名称	叶轮密封环与密封环轴向间隙		
测量点	b_1	b_2	$\pm(b_1-b_2)$
标准值	>1	>1	<0.50
修后值			
记录人签名/日期		工作负责人签名/日期	

表 3-11　泵轴检查记录

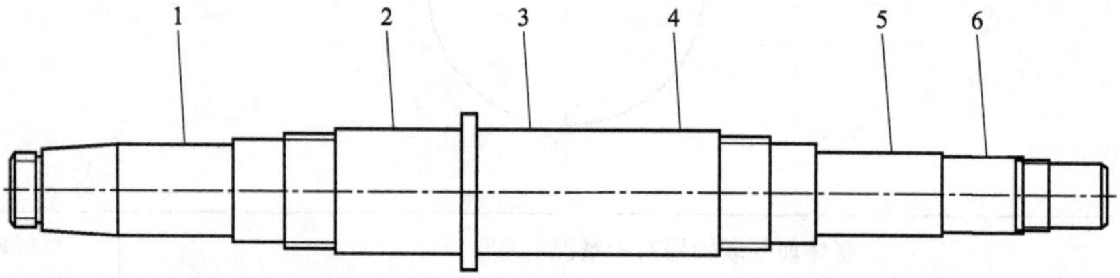

测量部位		1	2	3	4	5	6
部件名称		轴承	轴套	叶轮	轴套	轴承	轴承
标准值		<0.02	<0.03	<0.05	<0.03	<0.02	<0.02
修后值							
0°	1	0	0	0	0	0	0
90°	2						
180°	3						
270°	4						
记录人签名/日期：				工作负责人签名/日期：			

表 3-12　装配间隙记录

序号	名　称	要求值/mm	实测值/mm	
			解体时	安装时
1	传动端滑动轴承径向间隙	轴径×(0.2%～0.25%)		
2	自由端滑动轴承径向间隙	轴径×(0.2～0.25%)		
3	推力轴承轴向间隙	0.15～0.25		
4	传动端轴承压盖紧力	0.01～0.05		
5	自由端轴承压盖紧力	0.01～0.05		
6	自由端泵盖对密封环压紧力	0～0.03		
7	传动端泵盖对密封环压紧力	0～0.03		
记录人签名/日期：			工作负责人签名/日期：	

表 3-13　部件检查记录

检修项目	检查情况(磨损、锈蚀、变形等)	检查结论		是否换新	
		合格	不合格	是	否
叶轮					
轴					
叶轮密封环					
轴承					
滑动轴承					
机械密封					
推力轴承					
泵壳					
联轴器					
轴套					
记录人签名/日期:		工作负责人签名/日期:			

3.2.5　实施中的几个关键点

(1) 泵轴径向跳动测量及轴弯曲度检查

泵轴在运行工作中承受弯曲与扭转联合作用,承受多种应力。所以泵解体后必须检查应力对泵轴的弯曲度的影响,这是检修质量关键点。

(2) 轴向窜动量调整

窜动量调整必须在正常运行范围内,过大过小都将造成泵动、静部件间磨损。转子部件推力间隙 0.15～0.25 mm。

(3) 组装前异物、清洁度检查

泵腔及轴承室的防异物检查是泵解体检修的重要质量见证点,异物、杂质的存在将导致高速旋转的转子部件磨损,甚至导致泵损坏报废,所以组装前必须进行异物、清洁度检查。

(4) 机械密封压缩量检查

机械密封是一种端面密封,弹簧压缩量的大小影响机密的正常使用与寿命。压缩量过小容易密封泄漏,压缩量太大导致密封面无法建立水膜也会产生泄漏,压缩量过紧虽然不泄漏但将缩短机封使用寿命。安装时保证弹簧座底面到泵盖密封端面距离在 70±0.5 mm。然后锁紧密封动环组件固定螺栓。

(5) 泵与电机联轴器对中找正

泵与电机的同轴度是否合格是关系泵的振动、正常运行的重要性能指标。找正时应先检查电机地脚有无虚脚、地脚螺栓是否位于电机地脚孔的中心部位、联轴器表面有无损伤等情况。地脚调整垫片尽量控制在 3 片左右，轴向、径向对中偏差值均≤0.05 mm，轴向间距控制在 2～4 mm。

3.3　故障判断和排除

常见故障现象和判断方法、故障原因分析及故障排除方法见表 3-14。

表 3-14　故障判断和排除

序号	故障现象	故障原因分析	判断方法	故障排除方法
1	叶轮密封环磨损	叶轮与密封环间有杂质	手动盘车转子有轻微摩擦声；水泵容积损失大；泵工作效率低	解体检修清除杂质
		叶轮与密封环处有气蚀		更换密封环
		叶轮与密封环不同心		重新调整叶轮与密封环间隙
2	机械密封泄漏	动静环端面密封不严	机械密封有泄漏痕迹；机封冷却水流量小；盘车时泵轴径向晃动偏大；泵体中分面密封垫片没有清理干净	更换动静环密封组件
		O 形密封圈失效		更换失效 O 形密封圈
		静环压盖与泵壳密封面不平整		回装机械密封静环压盖时将泵体中分面密封垫片清理干净，密封面平整
		机械密封压缩量调整偏差		调整压缩量
3	泵不出水	泵转向错误	泵空转，不出水；泵出口不显示流量；叶轮室传出声音异常	电气检查线路，重新接电源线
		泵进口堵塞		疏通进口管道
		叶轮处有异物堵塞		解体检修泵
		泵入口管路未充满水		入口管排气，充水

3.4　操作结束

受训学员通过理论学习，掌握单级双吸中开泵的结构和工作原理。通过实　际操作，熟悉了检修程序，掌握了维修操作关键点，能够独立完成解体检修工作，达到了培训目的。

(1) 确认检查现场工作程序、质量计划完成情况

确认泵解体工作部件已按工作程序完成；

确认 QC 见证点已实施，质量计划已完成。

(2) 放射性区域工作结束后，解除辐射安全防护措施，清理放射性废物(如需要)

污染工器具送去污间去污；

放射性废物和非放废物按照相应的指定地点分开进行存放；

通知防护人员拆除辐射防护隔离区；

脱除个人辐射防护用品并放置在指定的辐射防护用品收集桶内；

终结辐射防护票。

(3) 培训结束后，拆除工作隔离区，工完料尽，清理现场，将现场恢复到工作前状态

整理工具，检查现场无遗留物品；

确认备件使用情况，有未使用备件应退库处理；

使用的工器具进行清理并归还工具室。

(4) 开工后会，终结工作票，填写维修报告

总结工作中的安全风险完成情况，完善需改进的地方；

填写工作记录表，完成维修报告。

3.5 经验反馈

描述：某电厂某单级双吸中开式离心泵解体大修，维修后试验合格。在试验后的第六天发现该泵轴承箱冒烟，且油质发黑等异常情况。重新解体轴承箱后，发现轴瓦磨损严重，且轴瓦安装方向错误。

分析：滑动轴承安装时需要注意安装方向，如方向错误，可导致轴瓦与泵轴间隙达不到要求，容易造成轴瓦磨损、烧瓦等现象。

措施：重新修刮轴瓦瓦面，按正确方向回装轴瓦。

3.6 习题

3.6.1 选择题

(1) 离心泵轴封机构的作用是(A)。

A. 防止高压液体从泵中大量漏出或空气顺抽吸入泵内

B. 对水泵轴起支承作用

C. 对水泵轴起冷却作用

D. 防止漏油

(2) 泵轴在运行工作中承受(B)联合应力作用，所以泵解体必须检查应力对泵轴的弯曲度的影响，是重要的检修质量关键点。

A. 旋转与扭转　　B. 弯曲与扭转

C. 弯曲与离心力　　D. 扭转与离心力

(3) 泵与电机联轴器对中找正时地脚调整垫片控制在(D)。

A. 3 片以上　　B. 4 片以内

C. 5 片以内　　D. 3 片以内

(4) 密封环与叶轮的间隙测量是验证密封环的磨损情况，磨损严重将增加泵的(A)。

A. 容积损失　　B. 水力损失

C. 流体损失　　　　D. 以上都是

(5) 离心泵最容易受到汽蚀损害的部位是(B)。

A. 叶轮或叶片入口　　　　B. 叶轮或叶片出口

C. 轮毂或叶片出口　　　　D. 叶轮外缘

3.6.2 判断题

(1) 工作前准备包括办理工作票、辐射防护票，确认泵解体按错已实施，开工前会布置工作任务，风险分析，讨论工作要点，备件材料准备齐全，工器具、量具检查合格。(√)

(2) 离心泵解体前确认电机已断电，泵进出口阀门已隔离，疏水完成。(√)

(3) 离心泵在运行中将会产生由进口指向出口侧的轴向推力。(×)

(4) 水泵密封环的作用是减少水泵的水力损失、提高水泵的效率。(×)

(5) 窜动量调整必须在正常运行范围内，过大过小都将造成泵动、静部件间磨损。轴向窜动量为：0.15～0.25 mm。(√)

(6) 机械密封是一种端面密封，弹簧压缩量的大小影响机密的正常使用与寿命。压缩量过小容易密封泄漏，压缩量太大导致密封面无法建立水膜也会产生泄漏，压缩量过紧虽然不泄漏但将缩短机封使用寿命。(√)

3.6.3 简答题

(1) 简述离心泵解体检修工作前准备。

答：① 设立工作隔离区，拉警示绳、挂工作区隔离牌；

② 在检修场地上铺设胶皮，划分零部件摆放处、备件存放处及工器具摆放处并相应覆盖塑料布，所需各工具、备件、量具摆放整齐有序，人员离开时需放置物项暂存牌；

③ 水泵开口作业时，划定防异物控制区；

④ 搭建泵转子拆装脚手架；

⑤ 工作区域灯光照明及通风良好。

(2) 简述气蚀的症状及气蚀带来的后果。

答：症状：噪声大、泵体振动，流量、压头、效率都明显下降。

后果：

① 使过流部件被剥蚀破坏；

② 使泵的性能下降；

③ 使泵产生噪声和振动；

④ 阻碍水力机械向高流速发展。

3.6.4 实操题

鉴定点：单级双吸中开泵解体检修工作

(1) 准备要求

考场准备：

试题名称：单级双吸中开泵解体检修工作实施及检修步骤考核

① 本题分值：100

② 考核时间:240 min

③ 考核形式:实际操作

④ 设备设施准备:单级双吸中开泵模拟体一台

考生准备:

试题名称:单级双吸中开泵解体检修工作实施及检修步骤考核

① 本题分值:100。

② 考核时间:240 min。

③ 考核形式:实际操作。

④ 工器具及其他准备:常用工器具准备、测量工器具准备、维修耗材准备、维修文件准备、工业防护准备。

(2) 考核要求

① 本题分值:100。

② 考核时间:240 min。

③ 考核形式:实际操作。

④ 具体考核要求:在规定时间内完成单级双吸中开泵的拆装工作。

⑤ 否定项:考试过程中严重违反工业安全规定并造成无法挽回后果的安全事件。

(3) 配分与评分标准见表 3-15。

表 3-15　单级双吸中开泵解体检修工作实施及检修配分、评分标准

序号	考核内容	考核要点	配分	评分标准	扣分	得分
1	维修准备	(1) 确认安措已实施; (2) 开维修工前会; (3) 安全防护用品的使用; (4) 工器具、量具检查准备; (5) 工作现场准备	10	(1) 安措已确认(2 分); (2) 开工前会(2 分); (3) 使用个人安全防护用品(2 分); (4) 备件材料齐全,工器具、量具检查合格(2 分); (5) 工作场地已布置(2 分)		
2	泵解体前检查	(1) 泵体表面清洗; (2) 在泵的各配合处做好初始标记; (3) 初始对中检查并记录	10	(1) 泵体表面清洗(2 分); (2) 拆装前记号标示(2 分); (3) 测量值记录(3 分); (4) 测量工具正确使用(3 分)		
3	解体检修	(1) 解体操作使用规程; (2) 重要部件装配尺寸记录; (3) 关键步骤实施使用三向交流确认	20	(1) 逐条使用规程(10 分); (2) 装配尺寸记录(5 分); (3) 使用三向交流(5 分)		
4	防异	解体后防异物措施	2	用塑料布封堵泵腔(2 分)		

续表

序号	考核内容	考核要点	配分	评分标准	扣分	得分
5	清洗与检查	(1) 清理清洗各零部件； (2) 测量各部件配合尺寸	20	(1) 零部件清洗干净(8分)； (2) 检测泵轴配合尺寸(2分)； (3) 完成测量并记录叶轮密封环与密封环径向间隙(2分)； (4) 完成测量叶轮密封环与密封环轴向间隙(2分)； (5) 完成叶轮密封环配合处径向跳动(2分)； (6) 叶轮轮毂内孔光滑，配合键槽松紧适度(2分)； (7) 联轴器轮毂内孔光滑，键槽无损伤(2分)		
6	回装前异物检查	泵腔与轴承室回装前异物检查	3	泵腔与轴承室清洁，无异物遗留(3分)		
7	泵的组装与回装	(1) 泵轴及轴承回装； (2) 安装托架及联轴器； (3) 机械密封安装； (4) 叶轮安装； (5) 转子部件整体回装	20	(1) 轴承装到配合位置(3分)； (2) 转子部件推力间隙 0.15～0.25 mm(3分)； (3) 联轴器安装到原测量位置(2分)； (4) 轴套与泵轴的定位销安装到位(3分)； (5) 油挡与轴承室端盖间隙控制在 0.75～1 mm(3分)； (6) 轴承体上盖对轴承的压紧力 0.01～0.05(3分)； (7) 叶轮端面与泵腔口环端面无摩擦(3分)		
8	对中找正	(1) 泵与电机对中找正； (2) 手动检查转子安装情况	7	(1) 轴向、径向对中偏差值均≤0.05 mm(2分)； (2) 联轴器轴向间距 2～4 mm 左右(2分)； (3) 手动盘车自如，无明显轻重不均感(3分)		
9	维修结束	(1) 开工后会； (2) 终结各项工作许可证； (3) 工作场地清理	8	(1) 终结工作票、辐射许可证(2分)； (2) 工作现场恢复干净整洁(3分)； (3) 解体维修报告(3分)		
合计			100			

否定项：考试过程中严重违反工业安全规定并造成无法挽回后果的安全事件。

评分人：　　年　　月　　日　　　　　　　　　　核分人：　　年　　月　　日

第四章　往复泵解体检查

4.1　操作准备

4.1.1　原理描述

往复泵依靠工作腔内元件(活塞、柱塞或隔膜)往复运动使缸内工作容积交替增大和缩小来输送液体或使之增压的容积式泵。元件往复位移的能量来源于各种原动机。

(1) 往复泵的应用及发展趋势

往复泵是一种发展较早的动力机械,往复泵包括活塞泵和柱塞泵。它适于输送流量较小、压力较高的介质,如低黏度,高黏度、腐蚀性、易燃、易爆、剧毒和放射性等液体。特别是当流量小于 100 m^3/h、排出压力大于 10 MPa 时,更突显其较高的效率和良好的运行性能,因此直到今天仍广泛用于国民经济的各个领域中。核电厂的水压试验泵常常采用柱塞泵。通常往复泵的应用范围如图 4-1 所示。

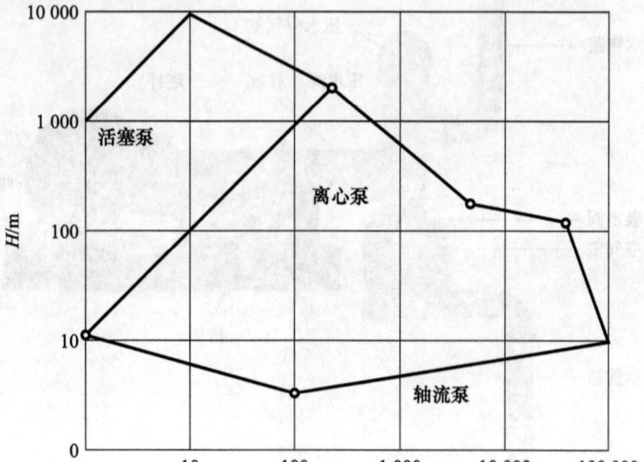

图 4-1　往复泵的运用范围

理论上,往复泵的流量和排出压力无关,因此,使用往复式计量泵可以精确地、可调节地输送各种介质。核电站中使用隔膜式往复泵和隔膜式计量泵作物料配送,实现自动控制液体的连续、精确输送。

随着核工业的发展,对往复泵,尤其是输送放射性液体的往复泵提出了更高的要求。

(2) 往复泵的工作原理

如图 4-2 所示,往复泵通常由两个基本部分组成。一部分是直接输送液体,把机械能转换为液体压力能的液力端,另一部分是将原动机的能量传给液力端的传动端。液力端主要有液缸体、活塞(柱塞)、吸入阀和排出阀等部件。传动端主要有曲轴、连杆、十字头等部件。

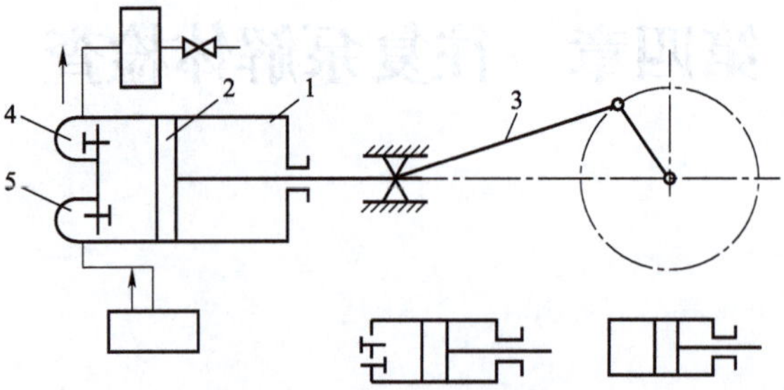

图 4-2 往复泵工作原理图 1

1—液缸;2—活塞;3—曲柄连杆机构;4—排出阀;5—吸入阀

如图 4-3 所示,当曲柄以角速度ω逆时针旋转时,活塞向右移动,液缸内容积增大,压力降低,吸水池中液体在压力差的作用下克服吸入管路和吸入阀等阻力损失进入到液缸中。当曲柄转过 180° 角度以后活塞向左移动,液体被挤压,液缸体内液体压力急剧增加,在这一压力作用下吸入阀关闭而排出阀被打开,液缸内液体在压力差的作用下被排送到排出管路中去。当往复泵的曲柄以角速度ω不停地旋转时,往复泵就不停地吸入和排出液体。

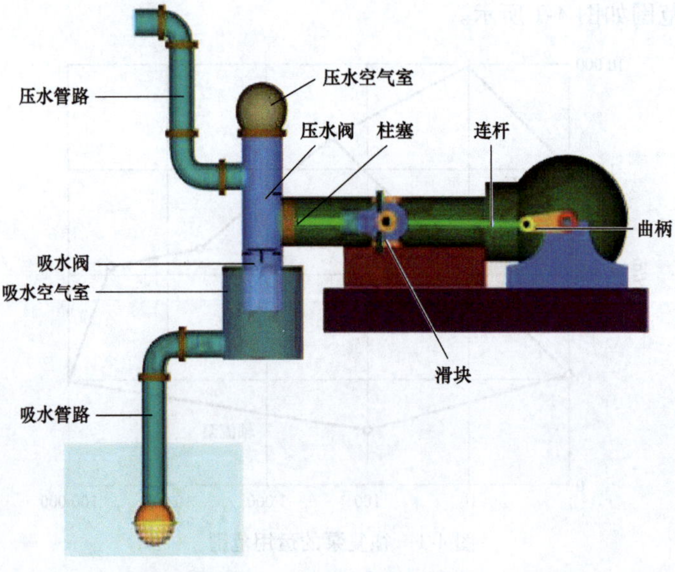

图 4-3 往复泵工作原理图 2

(3) 往复泵的工作特点

① 往复泵的流量只与液力端的几何尺寸(往复泵活塞的直径D和活塞行程 s)、泵的转速(活塞每分钟的往复次数 n)有关,而与泵的扬程无关。所以往复泵不能用排出阀来调节流量。

② 往复泵的扬程取决于泵在其中工作的装置特性。在装置中不管对活塞产生多大的压力,只要原动机有足够的功率,填料密封有相应的密封性能,以及往复泵有足够的强度,就

可以推动活塞把液体排出。因此在额定排出压力下，同一台往复泵在不同的装置中，可以产生不同的扬程。

③ 往复泵不能像离心泵那样在关闭点运转，且在往复泵中必须安装安全阀或其他安全装置。

从上述特点可知，往复泵的性能曲线是一条垂直线，如图 4-4 所示。但在高压时，由于泄漏损失增加，流量稍有减少。

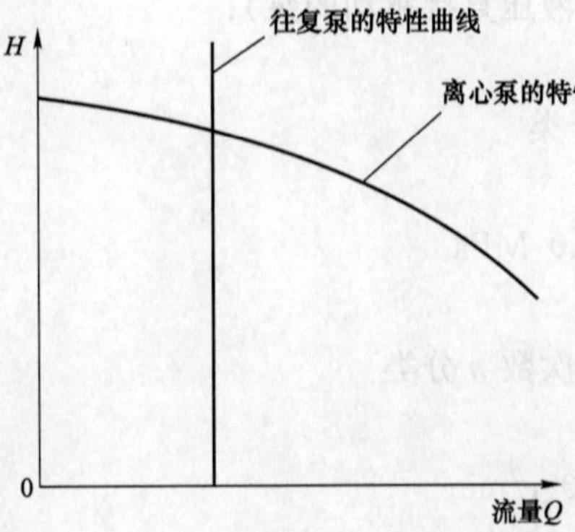

图 4-4　往复泵与离心泵特性曲线

(4) 往复泵的分类

往复泵的种类很多，主要分类如下。

① 根据液力端的特点分类

按往复运动件的不同，可分为：活塞泵、柱塞泵、隔膜泵；

活塞泵：如图 4-5(1)所示，液缸中的主要工作件是活塞，活塞在液缸内运动，通过装在活塞上的防漏密封装置与液缸内壁接触。

柱塞泵：如图 4-5(2)所示，泵的主要工作部件是柱塞，柱塞在固定防漏填料盒中运动，不接触液缸内壁，因其与液缸之间的密封装置在液缸外，所以柱塞泵的维护检修都比活塞泵简单，且可以产生较大的压力。

隔膜泵：如图 4-5(3)所示，它主要依靠隔膜片来回鼓动实现吸入和排出液体，分为单隔膜和双隔膜两种。

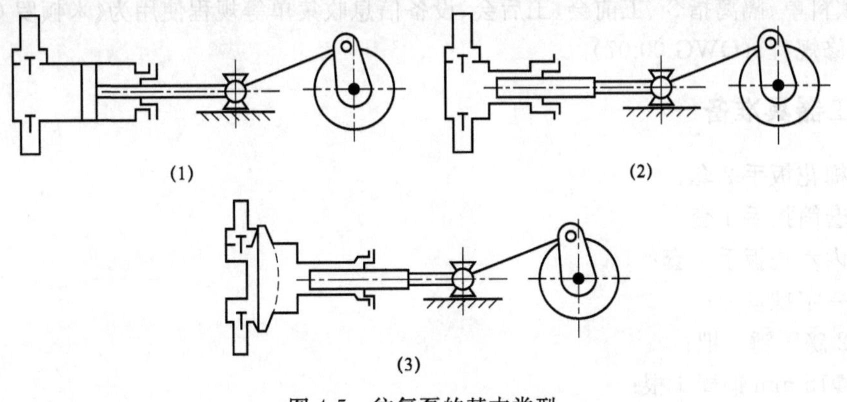

图 4-5　往复泵的基本类型

(1) 活塞泵；(2) 柱塞泵；(3) 隔膜泵

按作用特点，可分为：单作用泵、双作用泵、差动泵；

按液缸数，可分为：单缸泵、双缸泵、多缸泵等。

② 根据传动端的结构特点，可分为：曲柄连杆机构、直轴偏心机构、行程调节机构等。

③ 根据动力分类

机动泵（包括电动机驱动的泵和内燃机驱动的泵）；

直接作用泵（包括蒸汽、气、液压直接驱动的泵）；

手动泵。

④ 根据排出压 p_2 的大小分类

低压泵　$p_2 \leqslant 4.0$ MPa

高压泵　4.0 MPa $< p_2 \leqslant 32.0$ MPa

超高压泵　$p_2 > 100.0$ MPa

⑤ 根据活塞每分钟的往复次数 n 分类

低速泵　$n \leqslant 80$ r/min

中速泵　80 r/min $< n <$ 250 r/min

高速泵　250 r/min $< n <$ 550 r/min

超高速泵　$n \geqslant 550$ r/min

(5) 往复泵优点和缺点

① 优点

可获得很高的排压，且流量与压力无关，吸入性能好，效率较高，其中蒸汽往复泵可达80%～95%；

原则上可输送任何介质，几乎不受介质的物理或化学性质的限制；

泵的性能不随压力和输送介质黏度的变化而变化。

② 缺点

流量不是很稳定；同流量下比离心泵庞大；机构复杂；资金用量大；不易维修等。

4.1.2 文件准备

往复泵解体培训完全模拟现场工作，具有完整的工作包，包括工作指令单、质量计划、风险分析、领料单、隔离指令、工前会、工后会、设备信息收集单等规程使用为《米顿罗 G 型计量泵解体检修规程》(QWG.00.07)。

4.1.3 工器具准备

(1) 梅花扳手 2 套；

(2) 套筒扳手 1 套；

(3) 内六角扳手 1 套；

(4) 一字螺丝刀；

(5) 2 磅手锤 1 把；

(6) Φ15 mm 铜棒 1 根；

(7) 拉马 1 个；

(8) 轴承加热器 1 套；

(9) 油盆 1 个;
(10) 力矩扳手 8～20 NM 1 把;
(11) 200 mm 游标卡尺 1 把;
(12) 100 mm 塞尺 1 把;
(13) 500 mm 钢板直尺 1 把;
(14) V 型铁 2 个;
(15) 百分表+表座 2 套;
(16) 什锦锉 1 套;
(17) 刀口尺 1 把;
(18) 力矩扳手 50～100 NM 1 把;
(19) 内径百分表 1 个。

4.1.4 模拟体准备

检查模拟体是否有损坏,核实可否正常动作,以确保教学过程的顺利实施。

4.1.5 辐射防护准备

培训楼 105 模拟体无辐射风险,教学过程中需要模拟实施辐射防护,练习在现场实际工作中所要采取的防护措施。根据不同的辐射水平,所采取的辐射防护措施也有所不同,具体依照现场工作环境而确定,辐射防护的措施一般有以下内容:

(1) 穿戴辐射防护用具,如乳胶手套、口罩、纸衣等;

(2) 现场铺设塑料布,放置塑料袋,工作人员佩戴剂量率仪,控制作业时间,做好防异物措施;

(3) 涉及零部件的运出,需要及时办理许可证。

4.1.6 工业安全准备

按照工业安全规定执行,所有人员穿戴劳动保护用品。所有人员必须佩戴安全帽、防砸鞋、工作服、手套等。检修场地使用警示带进行围栏,确保工作过程中无非工作人员进入。设备起吊、放置过程中,确保吊带绑扎牢固,防止设备掉落。具体的工业安全准备需根据现场环境而确定。

4.1.7 配合人员准备

熟悉相关工具、设备、现场场地。

4.1.8 场地准备

现场铺设塑料布用于摆放工器具;铺设橡胶板用于放置解体后的部件;清理场地,确保检修场地无其他异物;合理分配场地,确保工具、设备的合理分布,方便检修;在场地外围布置警示带。

4.2 操作实施

4.2.1 往复泵解体

往复泵外形与结构参见图 4-6～图 4-8，具体操作规范参见表 4-1。

图 4-6 米顿罗 G 型计量泵外形

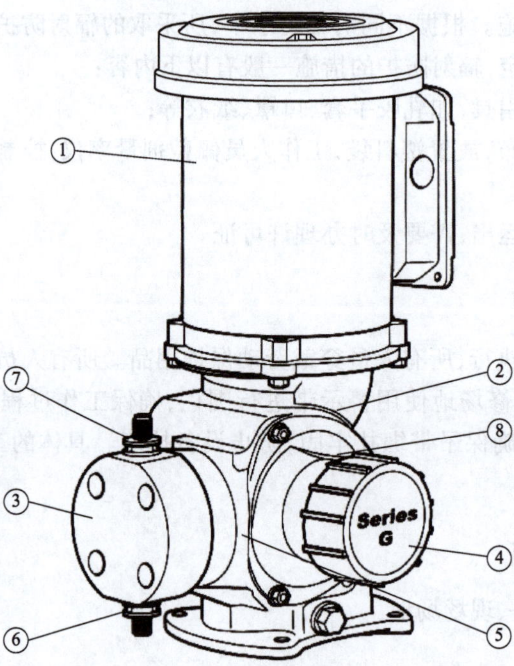

图 4-7 米顿罗 G 型计量泵结构

1—电机；2—驱动端；3—液力端；4—冲程调节手柄；5—中间段；6—进口单向阀组件；
7—出口单向阀组件；8—冲程锁紧螺钉

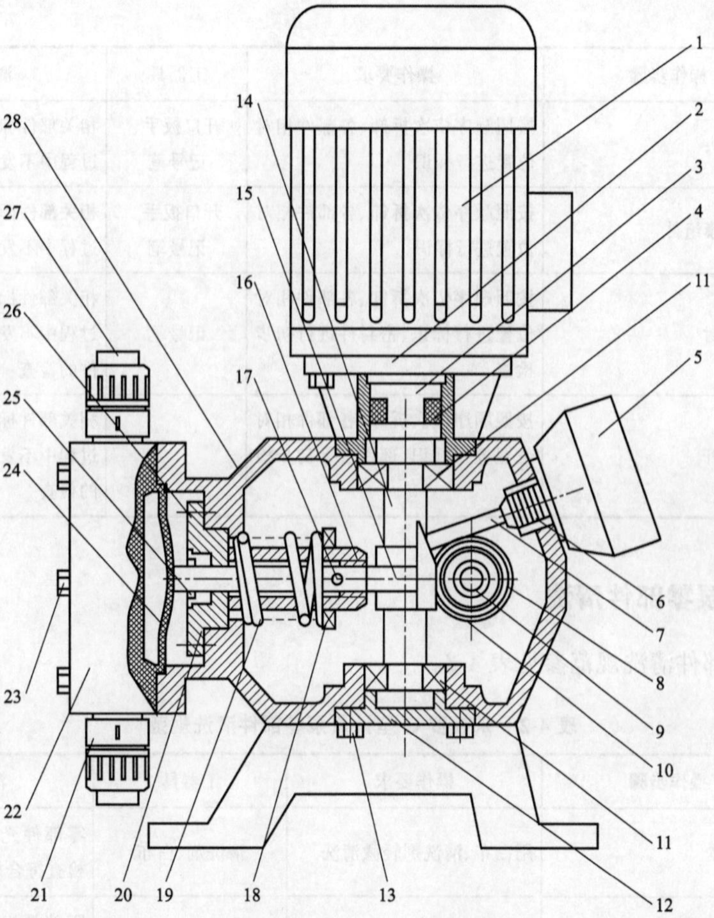

图 4-8 米顿罗 G 型计量泵剖视图

1—电机；2—电机支架；3—联轴器；4—垫片；5—冲程调节手柄；6—螺纹套；7—调节杆；8—蜗轮；9—销杆；10—连接臂；11—轴承；12—轴承压盖；13—六角螺钉；14—蜗杆；15—连杆；16—柱塞；17—销钉；18—限位块；19—弹簧；20—油封压板；21—入口单向阀；22—泵体；23—螺钉；24—隔膜；25—油封；26—螺钉；27—出口单向阀；28—壳体

表 4-1 米顿罗 G 型计量泵操作规范

序号	操作步骤	操作要求	工器具	测评标准
1	设备隔离，介质排空，气源隔离，外观检查	此步骤为现场实施，模拟体模拟实施	手电	模拟检查
2	拆除进出口管活结	出口管道实施防异物措施，使用容器接收管道以及泵体中的余液	开口扳手	防异物措施到位，现场注意废液收集
3	拆除进、出口单向阀组件	按照顺序依次拆卸、各部件相对位置进行标识，并做好分类包扎	开口扳手、记号笔	相关部件标识记号清晰，拆卸过程中不发生损坏
4	拆除地脚螺栓，把泵内部润滑油倒到指定油盘内，并把泵挪到检修指定位置	按照顺序依次拆卸、各部件相对位置进行标识，使用容器接收管道以及泵体中的余由	开口扳手、记号笔	相关部件标识记号清晰，拆卸过程中不发生损坏，现场注意废液收集

续表

序号	操作步骤	操作要求	工器具	测评标准
5	拆除泵头	按照顺序依次拆卸、各部件相对位置进行标识	开口扳手、记号笔	相关部件标识记号清晰，拆卸过程中不发生损坏
6	拆除隔膜组件	按照顺序依次拆卸、各部件相对位置进行标识	开口扳手、记号笔	相关部件标识记号清晰，拆卸过程中不发生损坏
7	拆卸油封	按照顺序依次拆卸、各部件相对位置进行标识、密封件进行初步检查	记号笔	相关部件标识记号清晰，拆卸过程中不发生损坏，进行密封件的检查
8	取出蜗杆	按照顺序依次拆卸、各部件相对位置进行标识、部件进行初步检查		相关部件标识记号清晰，拆卸过程中不发生损坏，进行部件的检查

4.2.2 往复泵零部件清洗

往复泵零部件清洗规范参见表 4-2。

表 4-2 米顿罗 G 型计量泵零部件清洗规范

序号	操作步骤	操作要求	工器具	测评标准
1	清洗泵体	用白布、清洗剂轻微清洗	清洗剂、白布	零部件光滑，无异物，部件检查符合规程要求
2	蜗轮、蜗杆清洗	用白布、清洗剂轻微清洗	清洗剂、白布	零部件光滑，无异物，部件检查符合规程要求
3	清理打磨各接合面	用砂纸轻微打磨	砂纸	结合面无划痕、光洁
4	泵体检查	目视检查	手电	部件检查符合规程要求
5	蜗轮、蜗杆	目视检查	手电	部件检查符合规程要求
6	检查新隔膜	目视检查	手电	部件检查符合规程要求
7	检查进、出口阀	注水观察 5 min		部件检查符合规程要求
8	检查联轴器、键等部件	目视检查	手电	无损伤、裂纹、变形
9	弹簧检查	目视检查并测量长度	手电、游标卡尺	无损伤、裂纹、变形
10	油封、隔膜及易损件	模拟全部进行更换		知道哪些是必换件

4.2.3 往复泵组装

往复泵组装参见表 4-3。

表 4-3 米顿罗 G 型计量泵组装规范

序号	操作步骤	操作要求	工器具	测评标准
1	检查泵体内腔	目视检查	手电	干净、无异物
2	回装蜗杆	按照原有标识、顺序依次组装	扳手	按照原有部件标识记号进行组装，组装过程中不发生损坏
3	回装新的油封组件	按照原有标识、顺序依次组装	开口扳手、手锤	按照原有部件标识记号进行组装，组装过程中不发生损坏，垫片使用得当，按照螺栓紧固要求进行
4	回装隔膜支撑	按照原有标识、顺序依次组装	开口扳手、手锤	按照原有部件标识记号进行组装，组装过程中不发生损坏
5	盘车检查	手动盘车，确认是否存在卡涩		盘车灵活，没有卡涩等情况
6	安装电机	按照原有标识、顺序依次组装		按照原有部件标识记号进行组装，组装过程中不发生损坏，垫片使用得当，按照螺栓紧固要求进行
7	回装隔膜组件	按照原有标识、顺序依次组装	开口扳手、力矩扳手	按照原有部件标识记号进行组装，组装过程中不发生损坏，按规程调整隔膜的位置，按照螺栓紧固要求进行
8	回装隔膜端盖	按照原有标识、顺序依次组装，紧固螺栓后检查间隙	开口扳手、力矩扳手	按照原有部件标识记号进行组装，组装过程中不发生损坏，按照螺栓紧固要求进行，紧固螺栓后检查间隙均匀
9	回装进、出口阀组件	按照原有标识、顺序依次组装	开口扳手、力矩扳手	按照原有部件标识记号进行组装，组装过程中不发生损坏，按照螺栓紧固要求进行
10	整泵回装	按照原有标识、顺序依次组装	开口扳手、力矩扳手	按照原有部件标识记号进行组装，组装过程中不发生损坏，按照螺栓紧固要求进行
11	从注油口对油箱内部加油	转动电机、加油油位略高于指示油标	油桶	加油中需要一边盘动电机，一边加油

4.2.4 现场清理

现场清理规范参见表 4-4。

表 4-4 现场清理规范

序号	操作步骤	操作要求	工器具	测评标准
1	清理现场	清理设备表面，清理检修设备附近区域的异物		检修设备无异物
2	做到工完料尽场地清	清理检修完成后的零部件、材料等		无零部件、材料遗漏
3	整理工具	整理工具与原始工具清单对比		工具使用前后对比符合

4.2.5 关键点

在进行解体过程中，为了保证检修工作顺利进行，必须注意如下的关键点：

(1) 解体前，各相对位置的记号必须标识清晰；

(2) 部件的检查需要与解体同时开展，特别是对于易损件的检查；

(3) 密封件检查。

4.3 故障检查和处理

(1) 隔膜泵常见故障排除见表 4-5。

表 4-5 隔膜泵常见故障排除

部位	现象	原因	处理方法
液力端	1. 泵在运转时，有异常噪声和振动； 2. 泵在排料过程中有异常振动，并有敲击声； 3. 泵在吸料过程中有异常振动，并有敲击声； 4. 活塞运动到死点位置时伴随噪声； 5. 进、出料阀有射流状噪声； 6. 工作压力表波动幅度过大。	1. 如果异常噪声的位置能确定，说明是机械故障产生的，若噪声的位置不能够确定，说明噪声是液力端液击造成的； 2. 进料阀堵塞，活塞缸内油不足，隔膜室、活塞缸内有空气； 3. 吸入压力过低，料浆温度过高，进料补偿罐未正常工作； 4. 阀橡胶失效，进，出料阀阀芯、弹簧和活塞缸缸套、活塞松动； 5. 进、出料阀的阀橡胶在料浆高速冲刷下磨损泄漏，阀锥体、阀座损坏； 6. 压力表损坏或出料空气包内皮囊破损，管路连接口有漏气点。	1. 如果确定噪声的位置，则检查相应机械部位。正常液击声音，可不必处理； 2. 检查进料阀的阀锥升程是否满足，进料管是否堵塞；检查两位两通阀的工作情况，对隔膜室进行排气处理； 3. 提高进料压力，降低料浆温度，检查进料补偿罐是否堵塞或漏气； 4. 更换阀橡胶，紧固活塞缸缸套和活塞； 5. 检查进、出料阀箱，如果有异物卡阀清除异物，如果阀橡胶磨损，则更换阀橡胶、阀锥体、阀座； 6. 检查压力表和空气包内皮囊，进行更换。检查漏气点。
动力端	1. 润滑油箱及箱体过热； 2. 动力端内有异常声音。	1. 润滑系统有故障，十字头跑偏，动力端箱体内轴承损坏； 2. 如果异常声音只在动力端处，则是动力端内的锁紧螺栓松动。	1. 检修润滑系统；调整导板位置，更换损坏轴承； 2. 打开动力端箱盖检查及锁紧螺母。

续表

部位	现象	原因	处理方法
减速器	噪声反常，温度升高。	1. 轴承损坏； 2. 齿轮磨损、损坏； 3. 润滑不良。	1. 更换轴承； 2. 更换齿轮； 3. 检查润滑系统。
联轴器	弹性联轴器振动。	1. 橡胶块磨损； 2. 与轴连接不当。	1. 更换橡胶块； 2. 调正、校正。
齿轮	齿轮联轴器颤动。	1. 轮齿磨损； 2. 齿轮轮齿破碎； 3. 与轴连接不当。	1. 增加润滑； 2. 更换齿轮； 3. 调整、校正。

(2) 电动往复泵常见故障排除见表 4-6。

表 4-6　电动往复泵常见故障排除

序号	故障现象	故障原因	处理方法
1	流量不足或阻塞，或输出压力太低	吸入管道阀门稍有关闭或阻塞，过滤器堵塞； 阀接触面损坏或阀面上有杂物使阀面密合不严； 柱塞填料泄漏。	打开阀门、检查吸入管和过滤器； 检查阀的严密性，必要时更换阀门； 更换填料或拧紧填料压盖。
2	阀有剧烈敲击声	阀的升程过高。	检查并清洗阀门升程高度。
3	压力波动	安全阀导向阀工作不正常； 管道系统漏气。	调校安全阀，检查、清理导向阀； 处理漏点。
4	异常响声或振动	原轴与驱动机同心度不好； 轴弯曲； 轴承损坏或间隙过大； 地脚螺栓松动。	重新找正； 校直轴或更换新轴； 更换轴承； 紧固地脚螺栓。
5	轴承温度过高	轴承内有杂物； 润滑油质量或油量不符合要求； 轴承装配质量不好； 泵与驱动机对中不好。	清除杂物； 更换润滑油、调整油量； 重新装配； 重新找正。
6	密封泄漏	填料磨损严重； 填料老化； 柱塞磨损。	更换填料； 更换柱塞。

4.4 操作结束

(1) 清理现场

工作结束后，做到工完料尽场地清，对检修后的物资设备进行分类。工具整理并与工具清单进行对比,确保工具无缺失,并检查工具的可用性,记录损坏情况并汇报。对更换的领料物资与领料单进行核实,确保所有可更换的物资已更换。更换下来的设备零部件进行后续处理,修复或者直接报废。清理工作过程中的耗材,进行分类处理,放置到对应的塑料袋中。清理现场的塑料布、橡胶板,必要时用白布清理现场。

(2) 工后会

回顾工作过程:检查工作许可证是否归还,场地是否清理,设备标牌是否完好,检修任务是否达到预期的目的,试验设备与工器具是否已经归还。

工作后的的经验反馈有助于以后同类型的往复泵检修经验积累,提高检修技能,更好地完成检修工作,其主要有以下内容:

① 工期是否安排合理;

② 工作人员是否配备充足;

③ 工作文件的合理性;

④ 工具是否完备;

⑤ 工作人员的检修技能是否满足要求;

⑥ 规程、图纸是否需要升版;

⑦ 检查过程中的异常;

⑧ 工作的经验反馈;

⑨ 协调事项。

4.5 经验反馈

某电厂在进行计量泵维修后,运行反馈频繁发生出口母管堵塞,后续检查发现是将计量泵的出口二次阀安装错误,方向装反了。

4.6 习题

4.6.1 判断题

(1) 由于液体是不可压缩,故往复式柱塞泵在传送液体时,液体承受很高的压强。 (√)

(2) 柱塞泵具有额定压力高、结构紧凑、效率高等优点。 (√)

(3) 安全阀的作用是保持系统压力不超过允许值,从而保证系统不因压力过高而发生事故。 (√)

(4) 储能器的作用是吸收震动,保持系统压力稳定。 (√)

(5) 安全阀出口处应无阻力,避免产生受压现象。 (√)

(6) 往复式柱塞泵柱塞是等速运动的。 (×)

(7) 往复式柱塞泵工作中,要对柱塞进行良好冷却。 (√)

4.6.2 填空题

(1) 容积泵是利用泵缸内容积的变化来<u>输送液体</u>的泵。

(2) 容积泵分回转式和<u>往复式</u>两大类。

(3) 往复式泵是利用<u>活塞</u>的往复运动来传送液体的。

(4) 往复泵在传送液体时,液体要承受<u>很大</u>的压强。

(5) 往复式柱塞泵可获得<u>很高</u>的扬程。

(6) 往复泵工作时流量和压力有<u>较大</u>波动。

(7) 往复式泵需要专门的<u>泵阀</u>,制造安装成本较高。

4.6.3 简答题

(1) 简述往复式柱塞泵的工作原理。

答:柱塞泵依靠柱塞在泵缸内往复运动,使缸内工作容积交替增大和缩小来输送液体。当柱塞外拉时,工作室内压力降低,出口阀关闭,低于进口压力时,进口阀打开,液体进入;柱塞内推时,工作室压力升高,进口阀关闭,高于出口压力时,出口阀打开,液体排出。

(2) 按照往复运动件的不同,可分为哪三类?

答:按照往复运动件的不同,往复泵可以分为活塞泵、柱塞泵和隔膜泵三类。

(3) 往复泵的优点有哪些?

答:① 可获得很高的排压,且流量与压力无关,吸入性能好,效率较高,其中蒸汽往复泵可达 80%~95%;

② 原则上可输送任何介质,几乎不受介质的物理或化学性质的限制;

③ 泵的性能不随压力和输送介质黏度的变动而变动。

4.6.4 论述题

详细论述往复泵的工作特点。

答:往复泵的流量只与液力端的几何尺寸(往复泵活塞的直径D和活塞行程 s)、泵的转速(活塞每分钟的往复次数 n)有关,而与泵的扬程无关。所以往复泵不能用排出阀来调节流量。

往复泵的扬程取决于泵在其中工作的装置特性。在装置中不管对活塞产生多大的压力,只要原动机有足够的功率,填料密封有相应的密封性能,以及往复泵有足够的强度,就可以推动活塞把液体排出。因此在额定排出压力下,同一台往复泵在不同的装置中,可以产生不同的扬程。

往复泵不能像离心泵那样在关闭点运转,且在往复泵中必须装置安全阀或其他安全装置。

4.6.5 操作题

鉴定点:往复泵阀体组装

试题:往复泵阀体组装

(1) 准备要求

考场准备:

① 试题名称:机械隔膜泵组装

② 本题分值:20

③ 考核时间:40 min

④ 考核形式:实操

⑤ 设备设施准备:

序号	名称	规格	单位	数量	备注
1	模拟体		台	1	教学用模拟体一台,无密封焊
2	工具、吊带等		套	1	解体用工具

考生准备:

① 试题名称:机械隔膜泵组装

② 本题分值:20

③ 考核时间:40 min

④ 考核形式:实操

⑤ 工具及其他准备:无

(2) 考核要求

① 本题分值:20

② 考核时间:40 min

③ 考核形式:实操

④ 具体考核要求:根据解体泵体,熟悉其关键点,解体需标记位置,熟悉解体过程大致步骤。

⑤ 否定项说明:无

(3) 配分与评分标准见表 4-7。

表 4-7 配分、评分标准

序号	考核内容	考核要点	配分	评分标准	扣分	得分
1	隔膜泵组装前准备	确定隔膜泵解体前的准备工作是否充分	3	未模拟检查隔离状态扣 1 分; 未说明拆除电气接线扣 2 分		
2	泵体检查	在装装前对泵体内清洁度进行检查	4	未按规程要求执行步骤扣 2 分; 未模拟进行清洗 2 分		
3	回装隔膜组件	熟悉安装过程和调整方法	4	未按规程要求执行步骤扣 2 分; 调整隔膜的位置不正确扣 2 分		
4	回装端盖	熟悉安装过程和检查方法	4	未按规程要求执行步骤扣 2 分; 没有检查间隙扣 2 分		
5	加油	熟悉加油过程和油位要求	5	未按规程要求执行步骤扣 3 分; 加油量过多或过少扣 2 分		

否定项:1. 起吊过程中,设备掉落;

2. 没有作好防异物措施。

第五章　水环式真空泵解体检查

5.1　操作准备

5.1.1　原理描述

真空泵是指利用机械、物理、化学或物理化学的方法对被抽容器进行抽气而获得真空的器件或设备。通俗来讲,真空泵是用各种方法在某一封闭空间中改善、产生和维持真空的装置。

核电厂中真空泵主要安装于核岛抽气系统、汽轮机真空系统及化水处理系统中。如汽轮机真空系统为了建立和维持汽轮机机组的低背压和凝汽器的真空,正常运行时需要不断地抽出由不同途径漏入汽轮机及凝汽器的不凝结气体。

随着真空应用的发展,真空泵的种类已发展了很多种,其抽速从每秒零点几升到每秒几十万、数百万升。随着生产和科学研究领域对其应用压强范围的要求越来越宽,大多需要由几种真空泵组成真空抽气系统共同抽气后才能满足生产和科学研究过程的要求。这是因为真空所涉及的工作压力的范围很宽,任何一种类型的真空泵都不可能完全适用于所有的工作压力范围,只能根据不同的工作压力范围和不同的工作要求,使用不同类型的真空泵。为了使用方便和各种真空工艺过程的需要,有时将各种真空泵按其性能要求组合起来,以机组形式应用。

按真空泵的工作原理,真空泵基本上可以分为气体传输泵和气体捕集泵两种类型。

气体传输泵是一种能使气体不断的吸入和排出,借以达到抽气目的的真空泵,这种泵主要上有变容式真空泵和动量传输泵两种类型。

(1) 变容真空泵:变容真空泵是利用泵腔容积的周期性变化来完成吸气和排气过程的一种真空泵,气体在排出前被压缩。这种泵分为往复式真空泵及旋转式真空泵两种。而水环式(也称液环式、水封试、液封式)真空泵是旋转式真空泵的一种,在电力行业有着广泛的应用。

(2) 动量传输泵:这种泵是依靠高速旋转的叶片或高速射流,把动量传输给气体或气体分子,使气体连续不断地从泵的入口传输到出口。

气体捕集泵是一种使气体分子吸附或凝结在泵的内表面上,减小容器内的气体分子数目而达到抽气目的的真空泵。

真空泵的分类见图 5-1。

(1) 水环式真空泵的工作原理

水环式真空泵是液环泵的一种。所谓液环泵,是在工作时,液体在泵内形成液环,即与泵体同心的圆环,并通过此液体完成能量的转换以形成真空或产生压力的泵,在一般情况下,能量转换的介质是水,所以称为水环式。图 5-2 为水环式真空泵的工作原理,叶轮偏心地

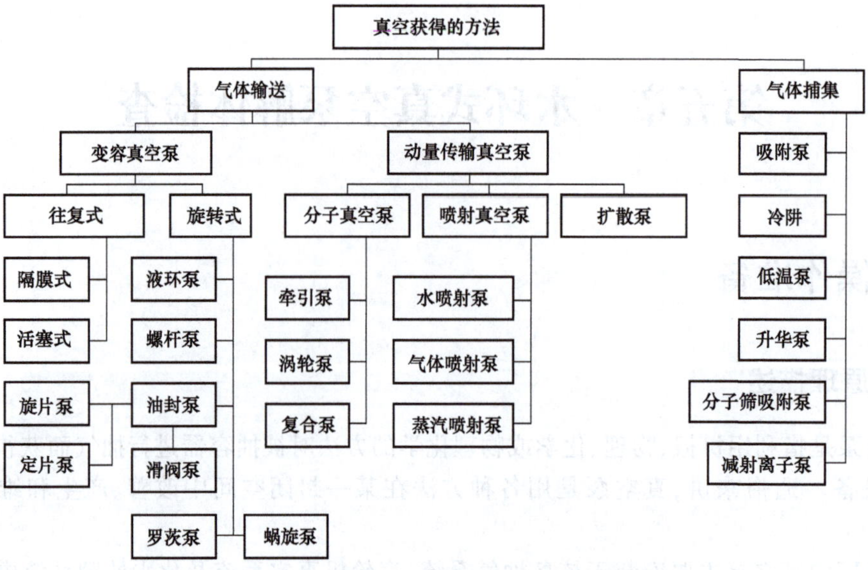

图 5-1 真空泵分类图谱(参见 GB 913-66《泵分类及技术条件》)

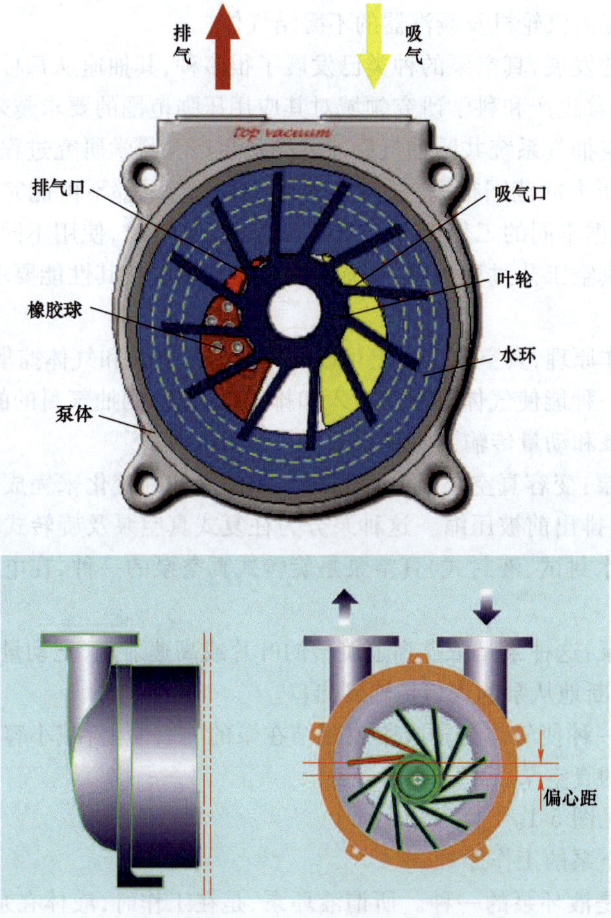

图 5-2 水环式真空泵工作原理

安装在泵体内,起动时向泵内注入一定高度的水作为工作液,旋转时,水受离心力的作用在泵体内壁形成一旋转的封闭水环,水环上部内表面与轮毂相切,水环的下部内表面刚好与叶片顶端接触。此时叶轮轮毂与水环之间形成一个月牙形空间,而这一空间又被叶轮分成与叶片数目相等的若干个小腔。叶轮在旋转时小腔的容积由小变大,且与端盖上的吸气口相通,其空间内的气体压力降低,此时气体被吸入,当吸气终结时小腔则与吸气口隔绝;当叶轮继续旋转中,水环内表面渐渐与轮毂靠近,小腔由大变小,其空间内气体压力升高,高于排气口压力时,当小腔与排气口相通时,气体被排出。在工作过程中,必须不断地给泵供水,以冷却和补充泵内消耗的水,满足泵的工作要求。当泵排出的气体不再利用时,在泵排气口一端接有汽水分离器废气和所带的部分水排入汽水分离器后,气体由排气管排出,水由于重力作用留在分离器内并经回水管供至泵内循环使用。随着真空建立中,需给汽分离器加入一定量的冷却水,以降低工作液的温度而保证泵能达到所要求的技术要求和性能指标。

叶轮与泵壳成偏心,泵壳内充一定量的水,叶轮旋转使水形成水环。相邻叶片(图中红色叶片)旋转时,与水环形成的空间(气室)变大即进气,空间(气室)逐渐变小,即空气被压缩。多组相邻叶片,即多组往复压缩。

(2) 典型水环式真空泵型号与结构

水环式真空泵的代码代表了型号和主要的性能参数,参见图 5-3。

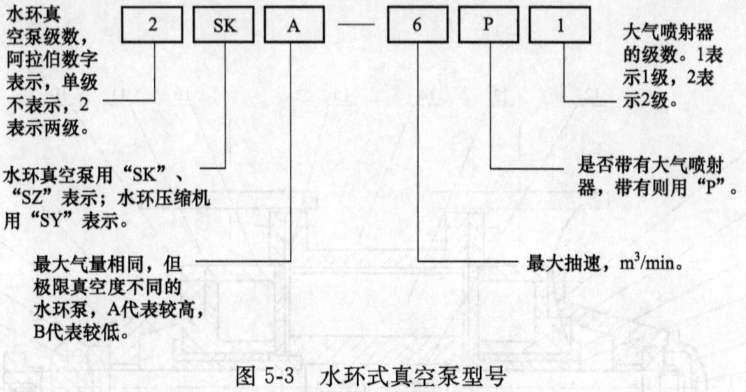

图 5-3　水环式真空泵型号

在电厂中运用最多的是水环式真空泵,图 5-4 是典型的 SZB 型水环式真空泵,它主要由铸铁的泵盖 1、铸铁泵体 2、叶轮 3、泵轴 10 及托架等部分组成。泵盖 1 与泵体 2 用螺栓紧固形成泵室,在泵室中安装具有 12 个径向叶片的叶轮 3,叶轮 3 悬臂安装在泵轴 10 上,用键 9 连接。叶轮上开有平衡孔,用来平衡轴向推力。轴向密封利用填料 4、填料环 11 和填料压盖 5 组成。为了使泵内的水温不超过 40～50 ℃,并节约用水,在泵体上附有气水分离器,使水可循环使用。

图 5-5 是典型的 SK 型水环式真空泵的剖视图。

上面两种泵中只有一个叶轮,为水环式真空泵最常见的形式。在设计中也利用心轴将两个单级泵串联而成(非泵管道的串联),组成两级泵。与单级泵相比,两级泵的极限真空度高,在较低压力下,两级泵仍具有较大抽速,两级泵更适合较高真空条件下的需要。图 5-6 是典型的 SK 型两级叶轮水环式真空泵。

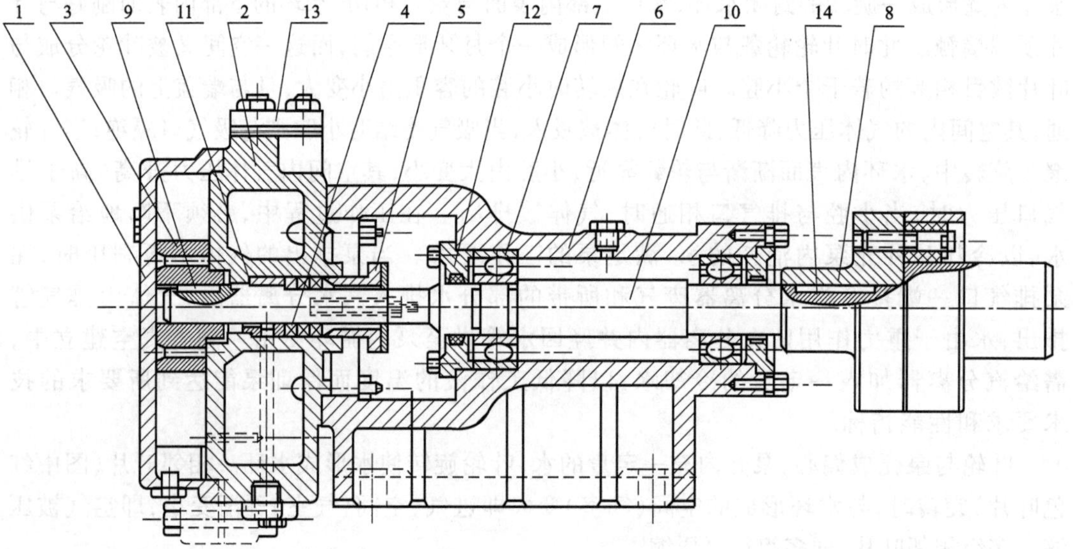

图 5-4 SZB 型水环式真空泵剖视图

1—泵盖；2—泵体；3—叶轮；4—填料；5—填料压盖；6—托架；7—滚珠轴承；8—联轴器；9—叶轮平键；
10—泵轴；11—填料环；12—轴承压盖；13—法兰盘；14—联轴器平键

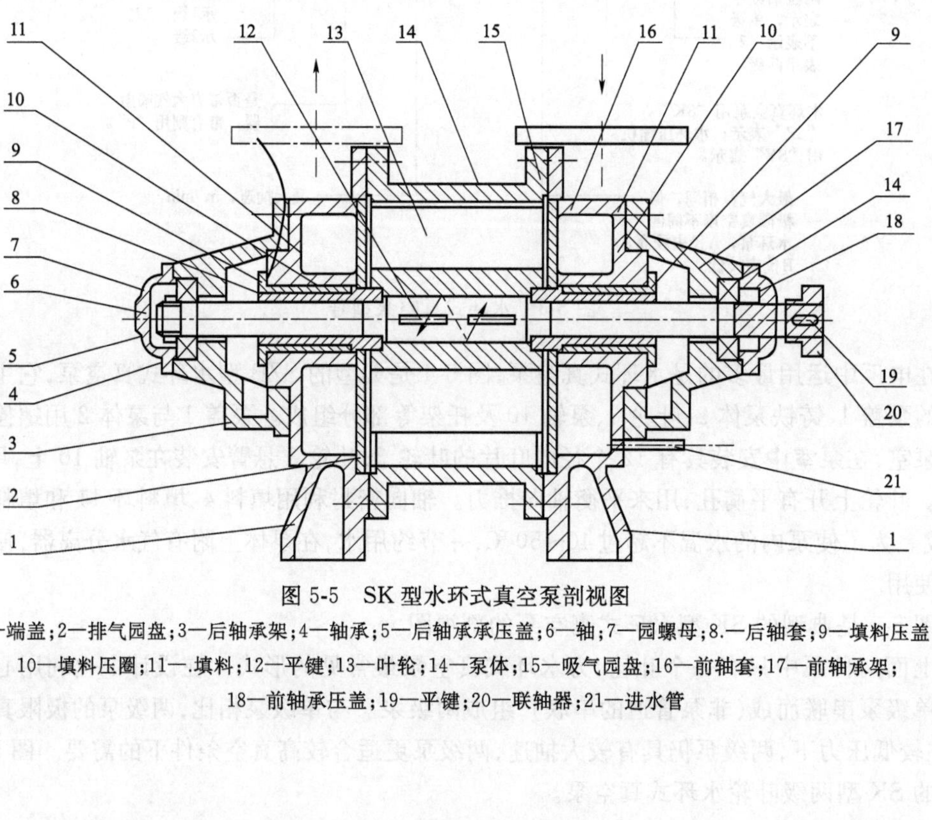

图 5-5 SK 型水环式真空泵剖视图

1—端盖；2—排气园盘；3—后轴承架；4—轴承；5—后轴承承压盖；6—轴；7—园螺母；8.—后轴套；9—填料压盖；
10—填料压圈；11—.填料；12—平键；13—叶轮；14—泵体；15—吸气园盘；16—前轴套；17—前轴承架；
18—前轴承压盖；19—平键；20—联轴器；21—进水管

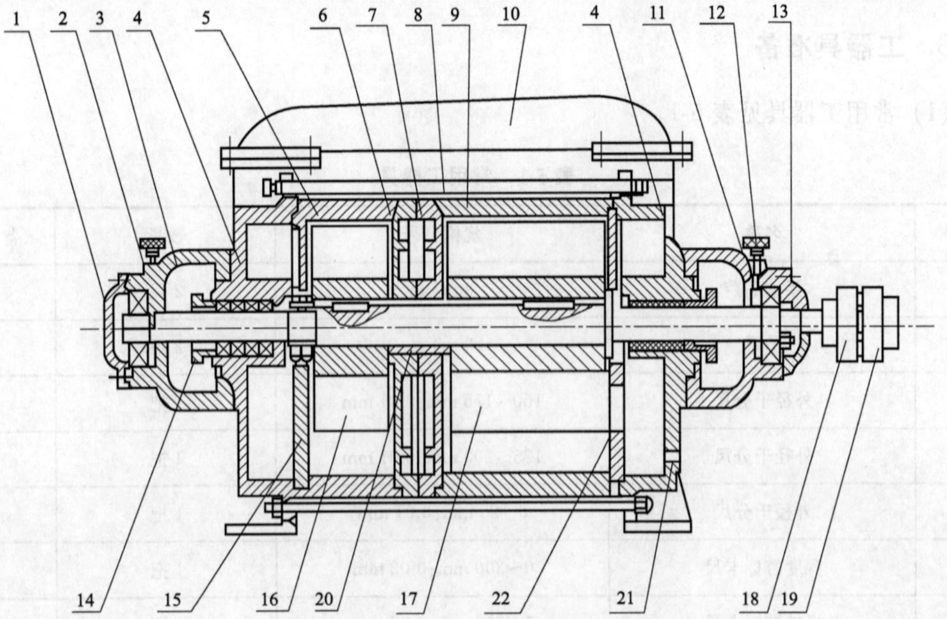

图 5-6　SK 型两级水环式真空泵剖视图

1—后轴承压盖；2—轴；3—轴承架；4—前后端盖；5—短泵体；6—中间壁(B)；7—中间壁(A)；8—拉紧螺栓；9—长泵体；10—连通管；11—调整垫；12—油杯；13—前轴承压盖；14—填料压盖；15—后压盖盘；16—短叶轮；17—长叶轮；18—泵联轴器；19—电机联轴器；20—轴套；21—进水孔；22—前盖圆盘

(3) 水环式真空泵特点

水环式真空泵是靠泵腔容积的变化来实现吸气、压缩和排气的，因此它属于变容式真空泵。水环泵和其他类型的机械真空泵相比有如下优点：

(1) 结构简单，制造精度要求不高，容易加工。

(2) 结构紧凑，泵的转数较高，一般可与电动机直联，无须减速装置。故用小的结构尺寸，可以获得大的排气量，占地面积也小。

(3) 压缩气体基本上是等温的，即压缩气体过程温度变化很小。

(4) 由于泵腔内没有金属摩擦表面，无须对泵内进行润滑，磨损很小。转动件和固定件之间的密封可直接由水封来完成。

(5) 吸气均匀，工作平稳可靠，操作简单，维修方便。

水环式真空泵也有其缺点：

(1) 效率低，一般在 30%左右，较好的可达 50%。

(2) 真空度低，这不仅是因为受到结构上的限制，更重要的是受工作液饱和蒸气压的限制。用水作工作液，极限压强只能达到 2 000～4 000 Pa；用油作工作液，极限压强可达 130 Pa。

5.1.2　文件准备

水环式真空泵解体培训完全模拟现场工作，具有完整的工作包，包括工作指令单、质量计划、风险分析、领料单、隔离指令、工前会、工后会、设备信息收集单等，规程使用为《凝汽器维持真空泵维修规程》(98-42120-MP-1041A)。

5.1.3 工器具准备

（1）常用工器具见表 5-1。

表 5-1 常用工器具

序号	名称	规格型号	数量	备注
1	手拉葫芦	3 t×3 m	2 只	
2	吊带	3 t×4 m	2 根	
3	外径千分尺	150～175 mm;0.01 mm	1 把	
4	外径千分尺	175～200 mm;0.01 mm	1 把	
5	外径千分尺	0～25 mm;0.01 mm	1 把	
6	深度游标卡尺	0～300 mm;0.02 mm	1 把	
7	机械游标卡尺	0～200 mm;0.02 mm	1 把	
8	百分表	0～10 mm;0.01 mm	3 只	
9	磁性表架	CZ6-1	3 块	
10	塞尺	0.02～1 mm;150A17	2 把	
11	撬棒	450 mm、1 000 mm	各 1 把	
12	铜棒	Φ30×300 mm	1 个	
13	手锤	4P	1 把	
14	内六角扳手	S14	1 把	
15	呆梅扳手	6～32 mm;23 件/套	1 套	公制
16	梅花敲击扳手	S46	1 把	
17	八角大锤	8P	1 把	
18	内径千分尺	50～600 mm;0.01 mm	1 把	
19	木柄扁铲		2 把	
20	平锉	300 mm	2 把	
21	轴承加热器	TIH030;SKF	1 台	
22	力矩扳手	300～1 000 N·m	1 把	
23	力矩扳手	80～360 N·m	1 把	

（2）专用工器具见表 5-2。

表 5-2 专用工器具

序号	名称	图号	工具箱号
1	轴承室支头螺栓		
2	真空泵靠背轮拆卸专用丝杆		

5.1.4 模拟体准备

培训楼 105 模拟体，模拟体处于可用状态。检查模拟体是否有损坏，核实可否正常动作，以确保教学过程的顺利实施。

5.1.5 辐射防护准备

培训楼 105 模拟体无辐射风险，教学过程中需要模拟实施辐射防护，练习在现场实际工作中所要采取的防护措施。根据不同的辐射水平，所采取的辐射防护措施也有所不同，具体依照现场工作环境而确定，辐射防护的措施一般有以下内容：

(1) 穿戴辐射防护用具，如乳胶手套、口罩、纸衣等。

(2) 现场铺设塑料布，放置塑料袋；工作人员佩戴剂量率仪表，控制作业时间，做好防异物措施。

(3) 涉及零部件的运出，需要及时办理许可证。

5.1.6 工业安全准备

按照工业安全规定执行，所有人员穿戴劳动保护用品。具体的工业安全准备需根据现场环境而确定，但基本的工业安全需要准备。所有人员必须佩戴安全帽、防砸鞋、工作服、手套等。检修场地使用警示带进行围栏，确保工作过程中无非工作人员进入。设备起吊、放置过程中，确保吊带绑扎牢固，防止设备掉落。

5.1.7 配合人员准备

需电气人员配合拆除与回装电机接线。

5.1.8 场地准备

现场铺设塑料布用于摆放工器具；铺设橡胶板用于放置解体后的部件；清理场地，确保检修场地无其他异物；合理分配场地，确保工具、设备的合理分布，方便检修；在场地外围布置警示带。

5.2 操作实施

5.2.1 水环式真空泵解体

水环式真空泵的零部件参见图 5-7。解体操作见表 2-1。

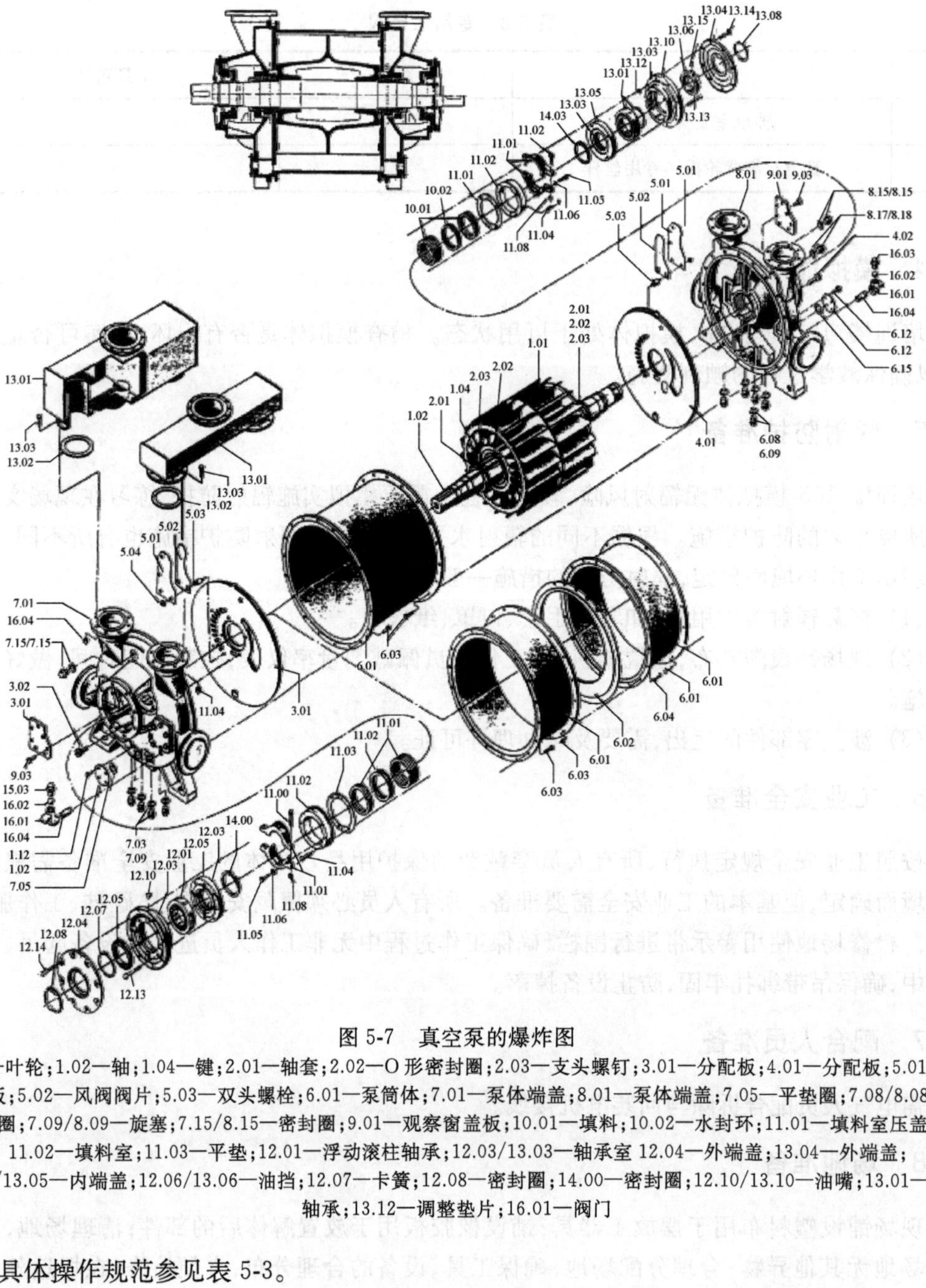

图 5-7　真空泵的爆炸图

1.01—叶轮;1.02—轴;1.04—键;2.01—轴套;2.02—O 形密封圈;2.03—支头螺钉;3.01—分配板;4.01—分配板;5.01—风阀挡板;5.02—风阀阀片;5.03—双头螺栓;6.01—泵筒体;7.01—泵体端盖;8.01—泵体端盖;7.05—平垫圈;7.08/8.08—密封圈;7.09/8.09—旋塞;7.15/8.15—密封圈;9.01—观察窗盖板;10.01—填料;10.02—水封环;11.01—填料室压盖;11.02—填料室;11.03—平垫;12.01—浮动滚柱轴承;12.03/13.03—轴承室 12.04—外端盖;13.04—外端盖;12.05/13.05—内端盖;12.06/13.06—油挡;12.07—卡簧;12.08—密封圈;14.00—密封圈;12.10/13.10—油嘴;13.01—导向轴承;13.12—调整垫片;16.01—阀门

具体操作规范参见表 5-3。

表 5-3　水环式真空泵解体操作

序号	操作步骤	操作要求	工器具	测评标准
1	设备隔离,介质排空,气源隔离	此步骤为现场实施,模拟体模拟实施		模拟检查
2	拆除电机接线	具有电气合格资质人员拆除电机接线		电机接线完整的拆除

续表

序号	操作步骤	操作要求	工器具	测评标准
3	脱开联轴器	标识记号,按照对中要求执行检查	记号笔	标识记号清晰,对中方式准确
4	拆除进出口管道	出口管道实施防异物措施,使用容器接收管道以及泵体中的余液	开口扳手	防异物措施到位,现场注意废油收集
5	泵体地脚螺栓拆除、泵整体拆卸下来	地脚垫片的收集、测量和记录		及时将垫片收集并测量记录
6	拆除联轴器	利用液压拉马	液压拉马	准确利用液压拉马
7	轴承膨胀间隙和转子总窜动量检查	按照规程步骤利用量具,并按照步骤进出检查	深度尺	量具使用方法正确,作业过程按照步骤执行
8	拆除驱动端轴承部件	按照顺序依次拆卸,各部件相对位置进行标识,密封件进行初步检查	记号笔、手电	相关部件标识记号清晰,拆卸过程中不发生损坏,进行密封件的检查
9	拆除非驱动端轴承部件	按照顺序依次拆卸,各部件相对位置进行标识,密封件进行初步检查	记号笔、手电	相关部件标识记号清晰,拆卸过程中不发生损坏,进行密封件的检查
10	拆除填料	按照顺序依次拆卸,各部件相对位置进行标识,密封件进行初步检查	记号笔、手电	相关部件标识记号清晰,拆卸过程中不发生损坏,进行密封件的检查
11	转子的抽取	按照顺序依次拆卸,各部件相对位置进行标识,密封件进行初步检查	记号笔、手电	相关部件标识记号清晰,拆卸过程中不发生损坏,进行密封件的检查

5.2.2 水环式真空泵零部件清洗

具体操作规范参见表 5-4。

表 5-4 水环式真空泵零部件清洗规范

序号	操作步骤	操作要求	工器具	测评标准
1	清洗泵轴	用白布、清洗剂轻微清洗	清洗剂、白布、砂纸	零部件光滑,无异物
2	去除封堵,清洗泵体内腔	用白布、清洗剂轻微清洗	清洗剂、白布、砂纸	内腔光滑
3	叶轮清洗	用白布、清洗剂轻微清洗	清洗剂、白布、砂纸	部件表面无异物
4	泵头、轴承室等压盖清洗	用白布、清洗剂轻微清洗	清洗剂、白布、砂纸	部件表面无异物

续表

序号	操作步骤	操作要求	工器具	测评标准
5	清理打磨各接合面	用砂纸轻微打磨	清洗剂、白布、砂纸	结合面无划痕,光洁
6	检查泵体、压盖等部件质量	肉眼检查	手电	不得有气孔、砂眼、夹渣、裂纹等缺陷,加工面应光滑无伤痕和沟槽
7	检查泵轴	肉眼检查	手电	表面不得有磨损以及剥落等缺陷
8	检查叶轮	肉眼检查	手电	表面不得有磨损以及剥落等缺陷
9	检查转子跳动	专用检查架或V型铁检查	V型铁、百分表、表架	跳动值不大于0.05 mm
10	分配盘检查	平板打表检查	百分表、表架	表面平行度不大于0.05 mm
11	检查联轴器、键等部件	肉眼检查	手电	无损伤、裂纹、变形
12	机械密封、轴套及易损件	模拟全部进行更换		知道哪些是必换件

5.2.3 水环式真空泵组装

具体操作规范参见表5-5。

表5-5 水环式真空泵组装规范

序号	操作步骤	操作要求	工器具	测评标准
1	检查泵体内腔	目视检查		干净、无异物
2	将泵轴套装入转子	确认安装紧密,没有松动	手锤	零部件无损伤
3	组装风阀阀片、分配盘与驱动端端盖组件	按照原有标识、顺序依次组装;化学胶的使用;螺栓紧固	力矩扳手	按照原有部件标识记号进行组装,组装过程中不发生损坏;相关化学胶使用得当;按照螺栓紧固要求进行
4	回装转子	按照原有标识、顺序依次组装;化学胶的使用;螺栓紧固	力矩扳手	按照原有部件标识记号进行组装,组装过程中不发生损坏;相关化学胶使用得当;按照螺栓紧固要求进行
5	组装风阀阀片、分配盘与非驱动端端盖组件	按照原有标识、顺序依次组装;化学胶的使用;螺栓紧固	力矩扳手	按照原有部件标识记号进行组装,组装过程中不发生损坏;相关化学胶使用得当;按照螺栓紧固要求进行
6	转子总窜动量检查	按照规程步骤利用量具,并按照步骤进出检查	深度尺	量具使用方法正确;作业过程按照步骤执行;及时进行记录并确认

续表

序号	操作步骤	操作要求	工器具	测评标准
7	驱动轴承的装配	按照原有标识、顺序依次组装;轴承加热器的使用;螺栓紧固;润滑脂的添加	轴承加热器、力矩扳手	按照原有部件标识记号进行组装,组装过程中不发生损坏;轴承加热器使用得当;润滑脂添加适量;按照螺栓紧固要求进行
8	非驱动轴承的装配	按照原有标识、顺序依次组装;轴承加热器的使用;螺栓紧固;润滑脂的添加	轴承加热器、力矩扳手	按照原有部件标识记号进行组装,组装过程中不发生损坏;轴承加热器使用得当;润滑脂添加适量;按照螺栓紧固要求进行
9	调整垫片的确定	按照规程步骤利用量具,并按照步骤进出检查		量具使用方法正确;作业过程按照步骤执行;及时进行记录并确认
10	填料的安装	填料斜切割为 45°角;填料安装中搭扣呈 90～120°布置;最后一根盘根搭口布置应向下;填料安装后进行预调整,最终调整在启泵中	填料切割工具	填料切割正确;按照中注意搭口的角度;注意最后一根填料的搭口位置;填料的预紧程度合适
11	恢复联轴器和管线	按照原有标识、顺序依次组装		按照原有部件标识记号进行组装,组装过程中不发生损坏
12	装好测量工具,复测中心	对中检查按照标准执行		对中方法是否准确

5.2.4 现场清理

具体操作规范参见表 5-6。

表 5-6 现场清理规范

序号	操作步骤	操作要求	工器具	测评标准
1	清理现场	清理设备表面,清理检修设备附近区域的异物		检修设备无异物
2	做到工完料尽场地清	清理检修完成后的零部件、材料等		无零部件、材料遗漏
3	整理工具	整理工具与原始工具清单对比		工具使用前后对比符合

5.2.5 关键点

在进行解体过程中,为了保证检修工作顺利进行,必须注意如下的关键点:

(1) 解体前,各相对位置的记号必须标识清晰;

(2) 部件的检查需要与解体同时开展,特别是对于易损件的检查。

5.3 故障检查和处理

常见故障现象、判断方法、原因分析和故障排除方法参见表 5-7。

表 5-7 故障检查与处理

现象	原因	处理方法
泵启动困难 （甚至不能启动）	1. 电源有故障； 2. 异物入泵、叶轮卡死； 3. 工作液太多、负载高； 4. 填料过紧； 5. 叶轮与圆盘摩擦； 6. 水垢、铁锈； 7. 电机故障	1. 检查是否断电，或者电源缺相； 2. 用水冲洗，或者开泵检查； 3. 调整工作液，高度至泵的轴心线； 4. 松开调料压盖螺栓，启动泵后，慢慢拧紧压盖螺栓，至有点水外流； 5. 解体泵，调整间隙值； 6. 用 10%草酸浸泡 30～60 分钟； 7. 检修或更换电机
没有真空	1. 电机转向错误； 2. 无工作液进入泵内； 3. 系统严重漏气	1. 更换两根导线，电机接线互换； 2. 检查工作液； 3. 打压检漏，并修复
真空度低	1. 工作液流量小； 2. 工作液温度过高； 3. 系统轻度泄漏； 4. 泵的间隙过大； 5. 泵的密封泄漏； 6. 真空表不准； 7. 排气阀片脱落； 8. 泵的选型小； 9. 当地大气压低	1. 增加工作液流量，同时观察电机电流不能过载； 2. 降低工作液温度； 3. 打压检漏，并修复； 4. 解体检修，调整间隙； 5. 更换密封（若填料密封，紧固压盖螺栓）； 6. 更换真空表； 7. 更换排气阀片； 8. 更换大的泵； 9. 考核绝对压力
超电流、电机发烫	1. 绕组短路； 2. 工作液流量过大； 3. 排气压力过高； 4. 吸入气体中液体含量过多	1. 检查电机绕组； 2. 调节工作液入口阀门，降低工作液流量； 3. 降低排气压力至规定范围； 4. 在入口处加装分离器，或者降低工作液量
填料处渗漏	1.中心线偏斜； 2. 轴弯曲； 3. 轴颈磨损； 4. 轴承间隙过大，齿轮振动剧烈； 5. 填料材质不合要求； 6. 填料压盖松动； 7. 填料安装不当； 8. 密封圈失效	1. 找正； 2. 调整或更换； 3. 修理或更换； 4. 更换轴承； 5. 重新选用填料； 6. 紧固； 7. 纠正； 8. 更换

续表

现象	原因	处理方法
振动或发出噪音	1. 气蚀严重； 2. 工作液量过大； 3. 联轴器对中不好； 4. 底脚螺栓没固定好； 5. 叶轮不平衡	1. 加气蚀保护装置； 2. 降低流量，加装孔板或者流量计； 3. 重新校核联轴器的同心度，使其符合国家标准或者行业标准。 4. 紧固死底脚螺栓； 5. 重新对叶轮作平衡
轴承及填料盒发热	1. 个别零件精度不够或装配不正确； 2. 润滑油过多、过少或质量不好： 3. 轴承室进入异物； 4. 供水量不足； 5. 轴封填料过紧； 6. 转子歪斜； 7. 轴弯曲	1.更换零件或重新装配； 2. 适当加黄油，使其体积占注入空间的 2/3 即可； 3. 排除异物； 4. 增加水量； 5. 适当松开填料； 6. 调整； 7. 校直或更换

5.4　操作结束

(1) 清理现场

工作结束后，做到工完料尽场地清，对检修后的物资设备进行分类。工具整理并与工具清单进行对比，确保工具无缺失，并检查工具的可用性，记录损坏情况并汇报。对更换的领料物资与领料单进行核实，确保所有可更换的物资已更换。更换下来的设备零部件进行后续处理，修复或者直接报废。清理工作过程中的耗材，进行分类处理，放置到对应的塑料袋中。清理现场的塑料布、橡胶板，必要时用白布清理现场。

(2) 工后会

回顾工作过程：检查工作许可证是否归还，场地是否清理，设备标牌是否完好，检修任务是否达到预期的目的，试验设备与工器具是否已经归还。

工作后的经验反馈有助于以后同类型的往复泵检修经验积累，提高检修技能，更好地完成检修工作，其主要有以下内容：

① 工期是否安排合理；
② 工作人员是否配备充足；
③ 工作文件的合理性；
④ 工具是否完备；
⑤ 工作人员的检修技能是否满足要求；
⑥ 规程、图纸是否需要升版；
⑦ 检查过程中的异常；
⑧ 工作的经验反馈；
⑨ 协调事项。

5.5 经验反馈

(1) 案例 1

状态报告名称:秦三厂 2 号机组凝汽器真空泵的 208 大修工单需要增加联轴器弹性块的更换工作。

状态报告编号:CR201515123。

状态报告内容:真空泵的维护及预防性维修应统筹考虑相关部件的寿期及检修策略,尽量与主设备的检修周期和策略统一、兼顾,以便提升设备整体的运转状态和可运转状态的持续性。

(2) 案例 2

状态报告名称:秦一厂 09# 3 号冷冻机组真空泵近期频发油质相关缺陷。

状态报告编号:CR201317463。

状态报告内容:09#真空泵用于抽 09#溴化锂冷冻机真空,由于溴化锂冷冻机里是溴化锂的水溶液,含有大量水,并且部分变成水蒸气。抽真空时,部分水蒸气也会被真空泵吸入,混入真空泵油中,引起油乳化,因此油乳化是正常现象。

5.6 习题

5.6.1 填空题

(1) 真空泵是指利用机械、物理、化学或物理化学的方法对被抽容器进行抽气而获得真空的器件或设备。

(2) 水环式真空泵是靠泵腔容积的变化来实现吸气、压缩和排气的。

(3) 水环式真空泵主要有泵轴、叶轮、叶轮盘、分配器、轴承、支持架、进水壳体、端盖、泵体、泵盖等组成。

(4) 按真空泵的工作原理,真空泵基本上可以分为气体传输泵和气体捕集泵两种类型。

(5) 变容真空泵是利用泵腔容积的周期性变化来完成吸气和排气过程的一种真空泵。

(6) 变容真空泵分为往复式真空泵及旋转式真空泵两种。

(7) 回装填料时,填料搭扣呈 90～120° 布置。

(8) 回装填料时,填料接口斜切割为 45° 角。

5.6.2 简答题

(1) 水环式真空泵特点是什么?

答案:结构简单,容易加工;结构紧凑;压缩气体基本上是等温的,即压缩气体过程温度变化很小;泵腔内没有金属摩擦表面,无须对泵内进行润滑,摩损很小,转动件和固定件之间的密封可直接由水封来完成;吸气均匀,工作平稳可靠,操作简单,维修方便。

(2) 水环式真空泵的工作原理是什么?

答案:水环式真空泵叶轮偏心地安装在泵体内,起动时向泵内注入一定高度的水作为工作液，旋转时，水受离心力的作用在泵体内壁形成一旋转的封闭水环，水环上部内表面与轮毂相切，水环的下部内表面刚好与叶片顶端接触。此时叶轮轮毂与水环之间形成一个月牙形空间，而这一空间又被叶轮分成与叶片数目相等的若干个小腔。叶轮在旋转时小腔的容积由小变大，且与端盖上的吸气口相通，其空间内的气体压力降低，此时气体被吸入，当吸气终也时小腔则与吸气口隔绝；当叶轮继续旋转中，水环内表面渐渐与轮毂靠近，小腔由大变小，其空间内气体压力升高，高于排气口压力时，当小腔与排气口相通时，气体被排出。在一般情况下，能量转换的介质是水，所以称为水环式。

(3) 如何进行水环式真空泵转子总窜动量检查？

答案：使用呆梅扳手松开非驱动端轴承室联接螺栓，然后用支头螺栓顶出非驱动端轴承室 2～3 mm。在驱动端轴头架一百分表，然后把泵转子推向驱动端，此时百分表读数记为零位，然后把转子推向非驱动端，记录此时百分表读数值即为转子总窜量。

5.6.3　论述题

详细论述真空度低(吸气压力高)的可能原因与解决措施？

答案：原因(1)工作液流量小；(2)工作液温度过高；(3)系统轻度泄漏；(4)泵的间隙过大；(5)泵的密封泄漏；(6)真空表不准；(7)排气阀片脱落；(8)泵的选型小；(9)当地大气压低。

措施(1)增加工作液流量，同时观察电机电流不能过载；(2)降低工作液温度；(3)打压检漏，并修复；(4)解体检修，调整间隙；(5)更换密封(若填料密封，紧固压盖螺栓)；(6)更换真空表；(7)更换排气阀片；(8)更换大的泵；(9)检查绝对压力。

5.6.4　操作题

鉴定点：水环式真空泵解体

试题：水环式真空泵解体

(1) 准备要求

考场准备：

① 试题名称：水环式真空泵解体

② 本题分值：20

③ 考核时间：120 min

④ 考核形式：实操

⑤ 设备设施准备：

序号	名称	规格	单位	数量	备注
1	模拟体		台	1	教学用模拟体一台，无密封焊
2	工具、吊带等		套	1	解体用工具

考生准备：

① 试题名称：水环式真空泵解体

② 本题分值:20
③ 考核时间:120 min
④ 考核形式:实操
⑤ 工具及其他准备:无
(2) 考核要求
① 本题分值:20
② 考核时间:120 min
③ 考核形式:实操
④ 具体考核要求:根据解体泵,熟悉其关键点,泵解体需标记位置,解体过程大致步骤
⑤ 否定项说明:无
(3) 配分与评分标准参见表 5-8。

表 5-8 配分与评分标准

序号	考核内容	考核要点	配分	评分标准	扣分	得分
1	解体前准备	确定解体前的准备工作是否充分。	3	(1) 未模拟检查隔离状态扣 1 分。 (2) 未说明拆除仪控装置扣 2 分		
2	轴承膨胀间隙	安装量具过程及测量记录	4	(1) 量具使用错误扣 2 分。 (2) 检查步骤错误扣 2 分		
3	转子总窜动量检查	安装量具过程及测量记录	4	(1) 量具使用错误扣 2 分。 (2) 检查步骤错误扣 2 分		
4	轴承室解体	熟悉执行轴承室拆除的关键点	4	(1) 未做标记扣 2 分。 (2) 执行部件发生碰撞扣 2 分		
5	取出转子	转子解体过程及注意事项	5	(1) 未封堵扣 3 分。 (2) 部件发生碰撞扣 2 分		

否定项:

评分人: 年 月 日 核分人: 年 月 日

第六章　齿轮泵解体检查

6.1　操作准备

6.1.1　原理描述

由两个齿轮相互啮合在一起而构成的容积式回转泵称为齿轮泵,其依靠泵缸与啮合齿轮间所形成的工作容积变化和移动来输送液体或使之增压。齿轮泵输送流体流量小而压力高,结构轻便紧凑,制造简单,工作可靠,在润滑系统中广泛应用。在核电厂中,齿轮泵是液压系统中广泛采用的一种液压泵。

按结构不同,齿轮泵分为外啮合齿轮泵和内啮合齿轮泵,而以外啮合齿轮泵应用最广。按轮齿的齿形可分为正齿轮泵、斜齿轮泵和人字齿轮泵等。

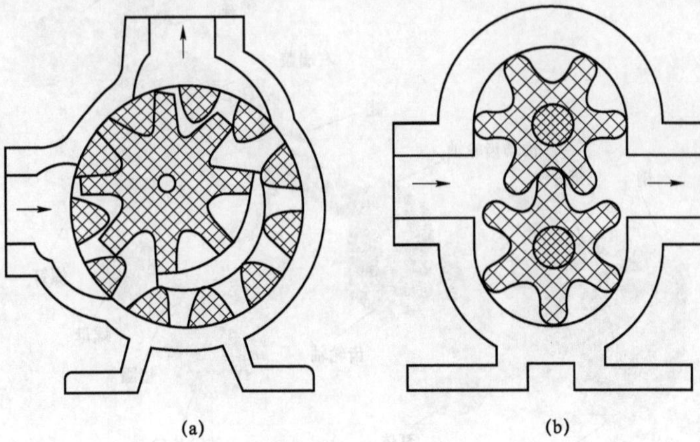

图 6-1　齿轮泵

(a) 内啮合齿轮泵;(b) 外啮合齿轮泵

(1) 外啮合齿轮泵结构和工作原理

外啮合齿轮泵是应用最广泛的一种齿轮泵,一般齿轮泵通常指的就是外啮合齿轮泵。它的典型结构如图 6-2 所示,主要由主动齿轮、从动齿轮、泵体、泵盖和安全阀等组成。泵体、泵盖和齿轮构成的密封空间就是齿轮泵的工作室。两个齿轮的轮轴分别装在两泵盖上的轴承孔内,主动齿轮轴伸出泵体,由电动机带动旋转。外啮合齿轮泵结构简单、重量轻、造价低、工作可靠、应用范围广。

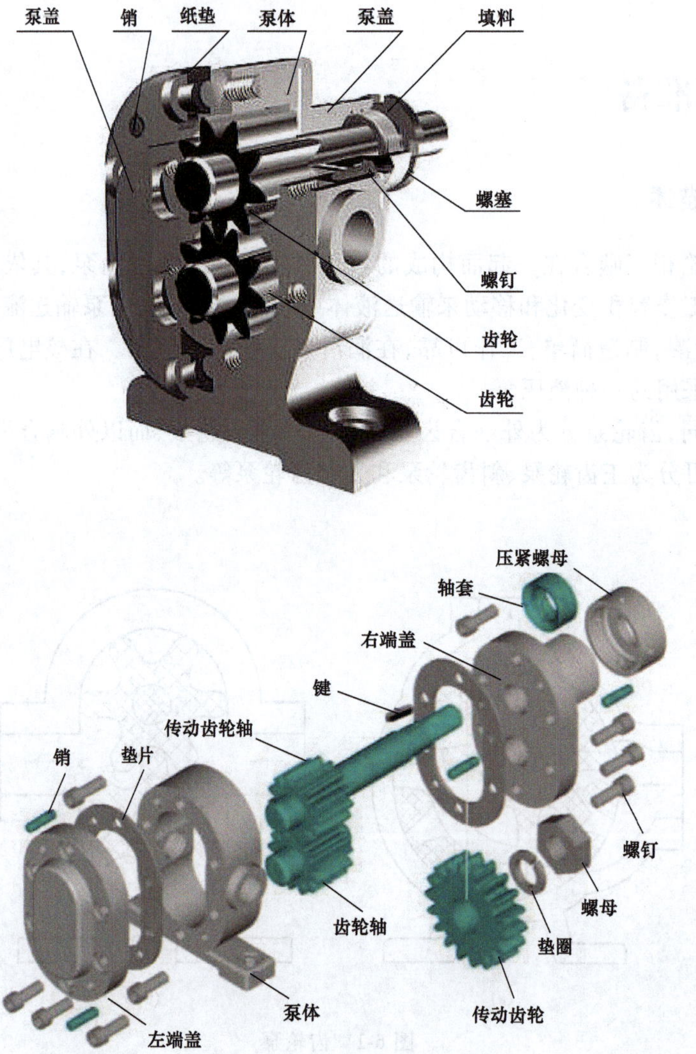

图 6-2　典型外啮合齿轮泵的结构

齿轮泵的工作原理如图 6-3 和图 6-4 所示，齿轮泵工作时，主动轮随电动机一起旋转并带动从动轮跟着旋转。当吸入室一侧的啮合齿逐渐分开时，吸入室容积增大，压力降低，便将吸入管中的液体吸入泵内；吸入液体分两路在齿槽内被齿轮推送到排出室。液体进入排出室后，由于两个齿轮的轮齿不断啮合，使液体受挤压而从排出室进入排出管中。主动齿轮和从动齿轮不停地旋转，泵就能连续不断地吸入和排出液体。

泵体上装有安全阀，当排出压力超过规定压力时，输送液体可以自动顶开安全阀，使高压液体返回吸入管。

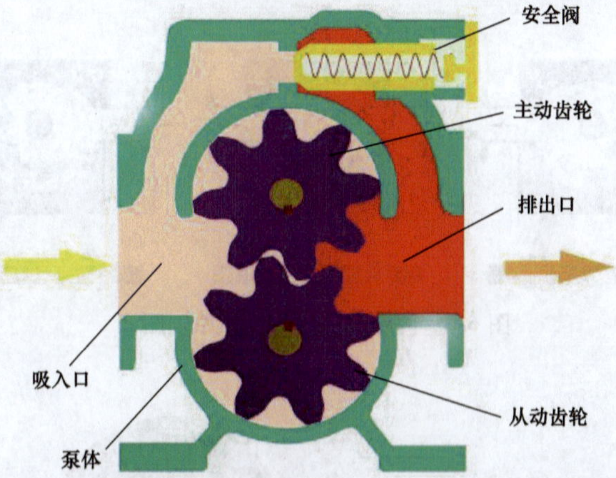

图 6-3　外啮合齿轮泵工作原理图 1

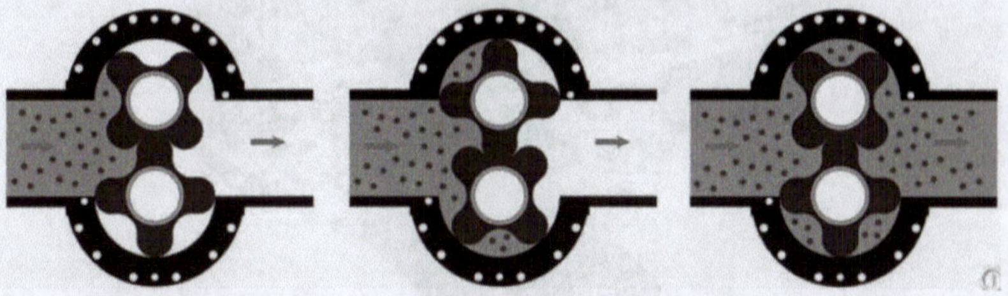

图 6-4　外啮合齿轮泵工作原理图 2

(2) 内啮合齿轮泵结构和工作原理

内啮合渐开线齿轮泵主要由主动齿轮、从动齿轮、月牙板、轴及轴承、侧板等组成。

其工作原理如图 6-5、图 6-6 所示相互啮合的主动齿轮和从动齿轮与侧板围成的密封容积被月牙板和齿轮的啮合线分隔成两部分，即形成吸油腔和压油腔。当传动轴带动小齿轮旋转时，内齿轮同向旋转，上半部轮齿脱开啮合，密封容积逐渐增大，形成局部真空度，油液在大气压作用下进入密封容积内，即吸油；下半轮齿进入啮合，使其密封容积逐渐减小，油液被挤压，压力增大，即排油。

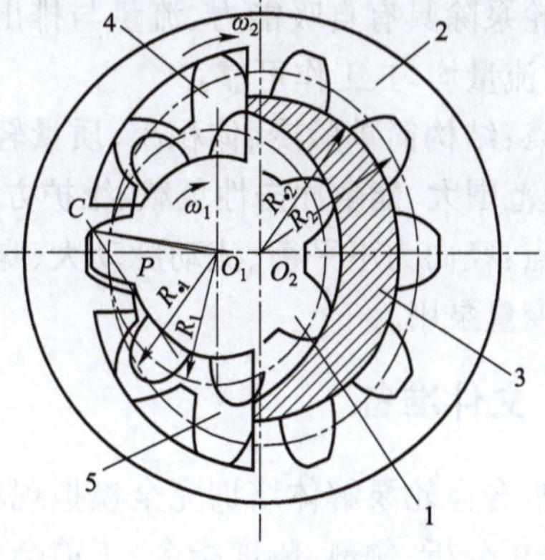

图 6-5　内啮合齿轮泵工作原理图 1

1—主动齿轮；2—从动齿轮；3—月牙板；4—吸油腔；5—压油腔

内啮合渐开线齿轮泵与外啮合齿轮泵相比其流量脉动小，仅是外啮合齿轮泵流量脉动功率的 1/20～1/10。此外，其结构紧凑，重量轻，噪声小，效率高，还可以做到无困油现象。它的不足之处是齿形复杂，需专门的高精度加工设备才能生产出来。典型的内啮合齿轮泵结构参见图 6-7。

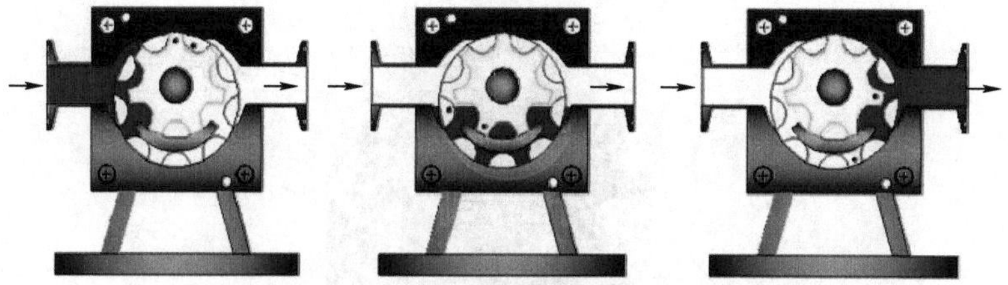

图 6-6 内啮合齿轮泵工作原理图 2

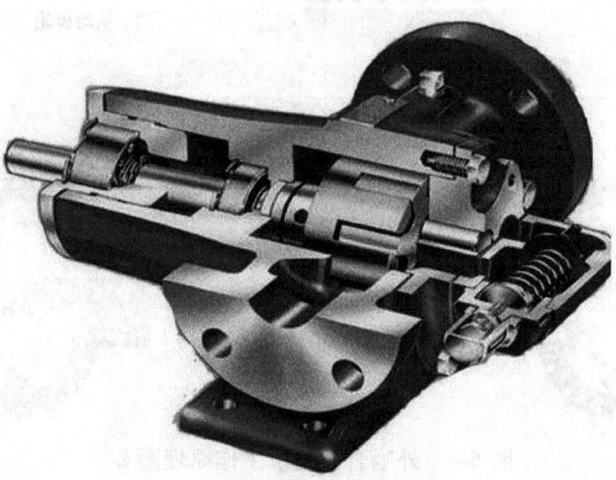

图 6-7 典型内啮合齿轮泵的结构

(3) 齿轮泵的工作特点

齿轮泵除具有自吸能力、流量与排出压力无关等特点外,泵壳上无吸入阀和排出阀,结构简单,流量均匀、工作可靠。

优点:结构简单紧凑、体积小、质量轻、工艺性好、价格便宜、自吸力强、对油液污染不敏感、转速范围大、能耐冲击性负载、维护方便、工作可靠。

缺点:径向力不平衡、流动脉动大、噪声大、效率低、零件的互换性差、磨损后不易修复、不能作变量泵用。

6.1.2 文件准备

外啮合齿轮泵解体培训完全模拟现场工作,具有完整的工作包,包括工作指令单,质量计划、分析分析、领料、隔离指令、工前会、工后会、设备信息收集单等,规程使用为《07#应急柴油机齿轮油泵(VIKING PUMP ALE4176)解体检查规程》。

6.1.3 工器具准备

(1) 梅花扳手 2 套;

(2) 梅花扳手 1 套;

(3) 内六角扳手 1 套;

(4) 150 mm 一字螺丝刀;

(5) 2磅手锤1把；
(6) Φ15 mm铜棒1根；
(7) 拉马1个；
(8) 轴承加热器1套；
(9) 油盆1个；
(10) 黄油枪1套。

6.1.4 模拟体准备

检查模拟体是否有损坏，核实可否正常动作，以确保教学过程的顺利实施。

6.1.5 辐射防护准备

培训楼105模拟体无辐射风险，教学过程中需要模拟实施辐射防护，练习在现场实际工作中所要采取的防护措施。根据不同的辐射水平，所采取的辐射防护措施也有所不同，具体依照现场工作环境而确定，辐射防护的措施一般有以下内容：

(1) 穿戴辐射防护用具，如乳胶手套、口罩、纸衣等；
(2) 现场铺设塑料布，放置塑料袋，工作人员佩戴剂量率仪，控制作业时间，做好防异物措施；
(3) 涉及零部件的运出，需要及时办理许可证。

6.1.6 工业安全准备

按照工业安全规定执行，所有人员穿戴劳动保护用品。所有人员必须佩戴安全帽、防砸鞋、工作服、手套等。检修场地使用警示带进行围栏，确保工作过程中无非工作人员进入。设备起吊、放置过程中，确保吊带绑扎牢固，防止设备掉落。具体的工业安全准备需根据现场环境而确定。

6.1.7 配合人员准备

需电气人员配合拆除与回装电机接线。

6.1.8 场地准备

现场铺设塑料布用于摆放工器具；铺设橡胶板用于放置解体后的部件；清理场地，确保检修场地无其他异物；合理分配场地，确保工具、设备的合理分布，方便检修；在场地外围布置警示带。

6.2 操作实施

6.2.1 齿轮泵解体

齿轮泵解体规范参见表6-1。

表 6-1 齿轮泵解体规范

序号	操作步骤	操作要求	工器具	测评标准
1	设备隔离,介质排空,电源隔离	此步骤为现场实施,模拟体模拟实施		模拟检查
2	整体拆除泵体	拆除泵体地脚螺栓,地脚垫片尺寸记录	开口扳手、游标卡尺	及时将垫片收集并测量记录
3	拆除齿套	测量齿套轴头露出长度,做好记录,然后用拔轮器卸下齿套	深度尺、拉马	标识记号清晰,记录及时
4	拆除电机侧轴承部件、机械密封压盖等部件	按照顺序依次拆卸、各部件相对位置进行标识、密封件进行初步检查、相关尺寸进行测量并记录	记号笔、游标卡尺	相关部件标识记号清晰,拆卸过程中不发生损坏,进行密封件的检查,记录及时
5	拆除泵侧轴承部件	对各部件相对位置进行标识、按照顺序依次拆卸、密封件进行初步检查、相关尺寸进行测量并记录	记号笔、游标卡尺、深度尺	相关部件标识记号清晰,拆卸过程中不发生损坏,进行密封件的检查,记录及时
6	拆除从动齿轮、主动齿轮组件	对各部件相对位置进行标识、按照顺序依次拆卸、用塞尺和深度尺测量齿轮和泵壳间隙及端部间隙	记号笔、游标卡尺、深度尺	相关部件标识记号清晰,拆卸过程中不发生损坏,进行密封件的检查,量具使用正确,记录及时
7	拆下泵主动和从动齿轮轴上的滚动轴承	按照顺序依次拆卸		不发生拆卸过程中损坏,进行密封件的检查

6.2.2 齿轮泵零部件清洗

齿轮泵零部件清洗规范参见表 6-2。

表 6-2 齿轮泵零部件清洗规范

序号	操作步骤	操作要求	工器具	测评标准
1	清洗泵轴	用白布、清洗剂轻微清洗	清洗剂、白布	零部件光滑,无异物
2	去除封堵,清洗泵体内腔	用白布、清洗剂轻微清洗	清洗剂、白布	内腔光滑
3	主动齿轮、从动齿轮清洗	用白布、清洗剂轻微清洗	清洗剂、白布	部件表面无异物
4	泵头、轴承室等清洗	用白布、清洗剂轻微清洗	清洗剂、白布	部件表面无异物
5	清理打磨各接合面	用砂纸轻微打磨	砂纸	结合面无划痕,光洁
6	检查泵体、压盖等	肉眼检查	手电	不得有气孔、

续表

序号	操作步骤	操作要求	工器具	测评标准
7	部件质量			砂眼、夹渣、裂纹等缺陷，加工面应光滑无伤痕和沟槽
8	检查泵轴	肉眼检查	手电	表面不得有磨损、剥落等缺陷
9	检查齿轮	肉眼检查	手电	表面不得有磨损、剥落等缺陷
10	检查调压阀弹簧	肉眼检查	手电	无损伤、裂纹、变形
11	检查联轴器、键等部件	肉眼检查	手电	无损伤、裂纹、变形
12	机械密封、轴套及易损件	模拟全部进行更换		知道哪些是必换件

6.2.3 齿轮泵组装

齿轮泵组装规范参见表 6-3。

表 6-3 齿轮泵组装规范

序号	操作步骤	操作要求	工器具	测评标准
1	检查泵体内腔	目视检查		干净、无异物
2	在主、从动齿轮轴上安装轴承	利用轴承加热器进行加热、轴承安装到位、安装轴承后需要冷却后进行下一步工作	轴承加热器	轴承加热器使用正确，安装轴承后能够确认轴承是否安装到位
3	将齿轮和齿轮轴装入泵体，复查间隙	按照原有标识、顺序依次组装；用塞尺测量复测顶部间隙并填入检修报告	塞尺	按照原有部件标识记号进行组装，组装过程中不发生损坏；垫片使用得当；按照螺栓紧固要求进行；测量并记录间隙值，正确使用量具
4	检查主动、从动齿轮啮合处间隙	利用用压铅丝法测量	铅丝、内径千分尺	测量并记录间隙值，正确使用量具
5	回装泵侧压盖，检查齿轮端面间隙	按照原有标识、顺序依次组装；利用用压铅丝法测量；密封垫片制作	铅丝、内径千分尺	按照原有部件标识记号进行组装，组装过程中不发生损坏；垫片使用得当；按照螺栓紧固要求进行；测量并记录间隙值，正确使用量具

续表

序号	操作步骤	操作要求	工器具	测评标准
6	安装机械密封、轴承、轴承室端盖、油封等部件	按照原有标识、顺序依次组装	力矩扳手	按照原有部件标识记号进行组装,组装过程中不发生损坏
7	回装电机侧压盖,检查齿轮端面间隙	按照原有标识、顺序依次组装;利用用压铅丝法测量;密封垫片制作	铅丝、内径千分尺	按照原有部件标识记号进行组装,组装过程中不发生损坏;垫片使用得当;按照螺栓紧固要求进行;测量并记录间隙值,正确使用量具
8	装上键、联轴器	检查轴头长度,并与拆前比较是否相符		确认联轴器安装到位
9	将泵回装到基础上	按照原有标识、顺序依次组装		按照原有部件标识记号进行组装,组装过程中不发生损坏
10	装好测量工具,复测中心	对中检查按照标准执行		对中方法是否准确
11	连接泵进、出口油管法兰	按照原有标识、顺序依次组装	开口扳手	按照原有部件标识记号进行组装,组装过程中不发生损坏
12	检查机械密封与轴四周间隙,均匀后旋紧压盖螺栓	用塞尺进行检查	塞尺	正确使用量具
13	电动机口线连接			

6.2.4 现场清理

现场清理规范见表 6-4。

表 6-4 现场清理规范

序号	操作步骤	操作要求	工器具	测评标准
1	清理现场	清理设备表面,清理检修设备附近区域的异物		检修设备/场地无异物
2	做到工完料尽场地清	清理检修完成后的零部件、材料等		无零部件、材料遗漏
3	整理工具	整理工具与原始工具清单对比		工具使用前后对比符合

6.2.5 关键点

在进行解体过程中,为了保证检修工作顺利进行,必须注意如下的关键点:

(1) 解体前,各相对位置的记号必须标识清晰。

(2) 部件的检查需要与解体同时开展,特别是对于易损件的检查。

(3) 齿轮的外圆与泵壳的径向间隙,一般半径方向上取 0.10~0.15 mm,也可按直径的 0.003~0.005 选取(指总间隙),用塞尺测量。

(4) 两齿轮啮合处间隙一般取 0.30 mm,如间隙过大会加速磨损,如过小则又会引起发热咬住,用压铅丝法测量。

(5) 齿轮的端面与泵壳的轴向间隙,一般取 0.20 mm,用压铅丝法测量。

6.3 故障检查和处理

常见故障现象、判断方法、原因分析和故障排除方法见表 6-5。

表 6-5 齿轮泵故障检查和处理

现象	原因	处理方法
流量不足压力够	1. 吸入高度不够	1. 增高液面
	2. 泵体或入口管有漏气	2. 更换垫片,紧固螺栓、修复管路
	3. 入口管线或过滤器有堵塞现象	3. 清理
	4. 液体憋度大	4. 液体加温
	5. 齿轮轴向间隙过大	5. 调整
	6. 齿轮径向间隙或齿侧间隙过大	6. 调整间隙或更换泵壳、齿轮
填料处渗漏	1. 中心线偏斜	1. 找正
	2. 轴弯曲	2. 调整或更换
	3. 轴颈磨损	3. 修理或更换
	4. 轴承间隙过大,齿轮振动剧烈	4. 更换轴承
	5. 填料树质不合要求	5. 重新选用填料
	6. 填料压盖松动	6. 紧固
	7. 填料安装不当	7. 纠正
	8. 密封圈失效	8. 更换
泵体过热	1. 油温过高	1. 冷却
	2. 轴承间隙过小或过大	2. 调整间隙
	3. 齿轮径向、轴向、齿侧间隙过大	3. 调整或更换

续表

现象	原因	处理方法
泵体过热	4. 填料过紧	4. 调整
	5. 出口阀开度过小造成压力过高	5. 开大出口阀降低压力
	6. 润滑不良	6. 更换润滑油脂
电动机超荷	1. 液体黏度过大	1. 加温
	2. 完体内进入杂物	2. 检查过滤器,消除杂物
	3. 轴弯曲	3. 更换
	4. 填料过紧	4. 调整
	5. 联轴器不同轴度超差	5. 找正
	6. 电流表出现故障	6. 修理或更换
	7. 压力过高或管路阻力过大	7. 调整压力,疏通管路
振动或发出噪声	1. 液位低、液体吸不上	1. 增高液位
	2. 轴承磨损间隙过大	2. 更换轴承
	3. 主动与从动齿轮轴不平行度和主动齿轮轴与电动机轴不同轴度超标	3. 找正
	4. 轴弯曲	4. 更换
	5. 泵完内进入杂物	5. 清理杂物,检查过滤器
	6. 齿轮磨损	6. 修理或更换
	7. 键槽松动或扎坏	7. 修理或更换
	8. 地脚螺栓松动	8. 紧固
	9. 吸入空气	9. 消除漏气

6.4 操作结束

(1) 清理现场

工作结束后,做到工完料尽场地清,对检修后的物资设备进行分类。工具整理并与工具清单进行对比,确保工具无缺失,并检查工具的可用性,记录损坏情况并汇报。对更换的领料物资与领料单进行核实,确保所有可更换的物资已更换。更换下来的设备零部件进行后续处理,修复或者直接报废。清理工作过程中的耗材,进行分类处理,放置到对应的塑料袋中。清理现场的塑料布、橡胶板,必要时用白布清理现场。

(2) 工后会

回顾工作过程:检查工作许可证是否归还,场地是否清理,设备标牌是否完好,检修任务是否达到预期的目的,试验设备与工器具是否已经归还。

工作后的的经验反馈有助于以后同类型的往复泵检修经验积累,提高检修技能,更好地完成检修工作,其主要有以下内容:

① 工期是否安排合理;

② 工作人员是否配备充足;

③ 工作文件的合理性;

④ 工具是否完备;

⑤ 工作人员的检修技能是否满足要求;

⑥ 规程、图纸是否需要升版;

⑦ 检查过程中的异常;

⑧ 工作的经验反馈;

⑨ 协调事项。

6.5 经验反馈

某电厂备用主给水泵小流量启动试验中,1 号主给水泵启动后润滑油泵出口压力为 0.17~0.18 MPa,明显高于 2 号、3 号主给水泵润滑油泵和 3 台辅助油泵出口压力。通过分析确认是安全阀压力调整过高,使系统压力高于其他运行主给水泵。

6.6 习题

6.6.1 选择题

(1) 齿轮泵可用于输送以下哪些液体(E)。

A. 重油　　B. 柴油

C. 机械油　　D. 植物油

E. 以上全部

(2) 遇下列情况之一,必须紧急停车(E)。

A. 泵内发生异常的严重声响和振动突然加剧

B. 轴承温度突然上升超过规定标准

C. 泵流量突然下降

D. 电流超过额定值,继续上升不降

E. 以上全部

(3) 下列哪几项会造成设备过热(G)。

A. 油温过高　　B. 轴承间隙过小或过大

C. 齿轮径向、轴向、齿侧间隙过大　　D. 填料过紧

E. 出口阀开度过小,造成压力过高　　F. 润滑不良

G. 以上全部

(4) 以下哪几项会造成设备流量不足或压力不够(D)。

A. 泵吸入高度不够　　　　　　　　　　B. 泵体或入口管有漏气
C. 齿轮径向、轴向、齿侧间隙过大　　　D. 以上全部

6.6.2 填空题

(1) 齿轮泵主要由主动齿轮、从动齿轮、轴、泵体、安全阀、轴端密封等组成。

(2) 设备运行过程中滚动轴承温度要求不超过 70 ℃。

(3) 齿轮泵适用于输送不含固体颗粒和纤维、无腐蚀性液体。

(4) 泵设有安全阀作为超载保护。

(5) 齿轮泵性能参数中给出的排出压力是最大工作压力值。

6.6.3 简答题

(1) 齿轮泵的优点有哪些?

答案:齿轮泵除具有自吸能力、流量与排出压力无关等特点外,泵壳上无吸入阀和排出阀,具有结构简单紧凑、体积小、质量轻、工艺性好、价格便宜、自吸力强、对油液污染不敏感、转速范围大、能耐冲击性负载、维护方便、工作可靠。

(2) 外啮合齿轮泵的工作原理是什么?

答案:齿轮泵工作时,主动轮随电动机一起旋转并带动从动轮跟着旋转。当吸入室一侧的啮合齿逐渐分开时,吸入室容积增大,压力降低,便将吸入管中的液体吸入泵内;吸入液体分两路在齿槽内被齿轮推送到排出室。液体进入排出室后,由于两个齿轮的轮齿不断啮合,便液体受挤压而从排出室进入排出管中。主动齿轮和从动齿轮不停地旋转,泵就能连续不断地吸入和排出液体。

(3) 齿轮泵为什么需要设置安全阀?

答案:因为齿轮泵的出口和入口是隔绝的,所以在外界需用油量减少时,会引起出口管道的压力急剧升高,致使出口管道和泵壳发生爆破。因此齿轮泵出口(或出口管道上)都设有安全阀,它在压力升高到一定程度时动作,使出口管内的一部分油泄掉。

6.6.4 论述题

详细论述外啮合齿轮泵流量不足或压力不够的可能原因与解决措施。

答案:

原因:(1) 吸入高度不够;(2) 泵体或入口管有漏气;(3) 入口管线或过滤器有堵塞现象;(4) 液体憋度大;(5) 齿轮轴向间过大;(6) 齿轮径向间隙或齿侧间隙过大。

措施:(1) 增高波面;(2) 更换垫片,紧固螺栓、修复管路;(3) 清理;(4) 液体加温;(5) 调整;(6) 调整间隙或更换泵壳、齿轮。

6.6.5 操作题

鉴定点:外啮合齿轮泵组装

试题:外啮合齿轮泵组装

(1) 准备要求

考场准备:

① 试题名称:外啮合齿轮泵组装

② 本题分值:20
③ 考核时间:40 min
④ 考核形式:实操
⑤ 设备设施准备:

序号	名称	规格	单位	数量	备注
1	模拟体		台	1	教学用模拟体一台,无密封焊
2	工具、吊带等		套	1	解体用工具

考生准备:
① 试题名称:外啮合齿轮泵组装
② 本题分值:20
③ 考核时间:40 min
④ 考核形式:实操
⑤ 工具及其他准备:无
(2) 考核要求
① 本题分值:20
② 考核时间:40 min
③ 考核形式:实操
④ 具体考核要求:根据组装泵,熟悉其关键点,组装需标记位置,组装过程大致步骤
⑤ 否定项说明:无
(3) 配分与评分标准参见表 6-6。

表 6-6　配分与评分标准

序号	考核内容	考核要点	配分	评分标准	扣分	得分
1	组装前准备	确定解体前的准备工作是否充分	3	(1) 未模拟检查隔离状态扣 1 分; (2) 未说明拆除仪控装置扣 2 分		
2	断开联轴器	断开联轴器之前需要微小开启及断开联轴器步骤	4	(1) 未微小开启阀门扣 2 分; (2) 联轴器拆卸步骤错误扣 2 分		
3	吊下执行机构	熟悉执行机构与阀体分离的关键点	4	(1) 未做标记扣 2 分; (2) 执行机构与阀体发生碰撞扣 2 分		
4	阀体解体分离	填料压盖拆卸,模拟密封焊取出	4	(1) 填料压盖未拆除扣 2 分; (2) 未模拟说明拆除密封焊扣 2 分		
5	取出阀杆与阀瓣	阀体解体过程及注意事项	5	(1) 未先拆除阀盖扣 2 分; (2) 拆除阀盖后未取出阀杆扣 1 分; (3) 未封堵扣 2 分		

否定项:1. 起吊过程中,设备掉落;
　　　2. 没有作好防异物措施。

评分人:　　年　　月　　日　　　　　　　　　　　　核分人:　　年　　月　　日

第七章　多级离心泵及振动

7.1　操作准备

7.1.1　多级离心泵的分类

(1) 节段式多级离心泵

节段式多级离心泵是一种垂直剖分多级泵(如图 7-1 所示)。这种泵是将若干个叶轮装在一根轴上串联工作的,轴上的叶轮个数就代表叶轮的级数。轴的两端用轴承支撑,并置于轴承体上,两端均有轴封装置。泵体由一个前段、一个后段和若干个中段组成,并用螺栓连接为一整体。在中段和后段内部有相应的导叶装置;在前段和中段的内壁与叶轮易碰的地方,都装有密封环。轴封装置在泵的前端和尾段泵轴伸出部分。泵轴中间有数个叶轮,每个叶轮配一个一导轮将被输送液体的动能转为静压能,叶轮之间用轴套定位。叶轮一般为单吸的,吸入口都朝向一边。按单吸叶轮入口方向将叶轮依次串联在轴上。为了平衡轴向力,在末端后面都装有平衡盘,并用平衡管与前段相连通。其转子在工作过程中可以左右窜动,靠平衡盘自动将转子维持在平衡位置上。

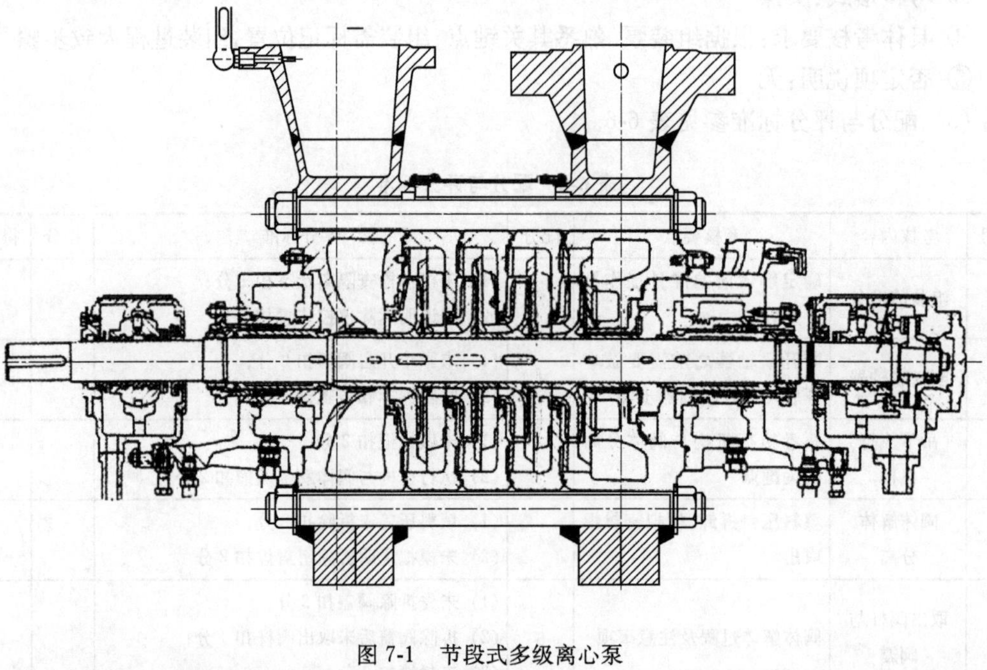

图 7-1　节段式多级离心泵

(2) 中开式多级离心泵

中开式多级离心泵主要用于流量大、扬程高的蒸汽锅炉给水等。流量范围 450～1 500 m^3/h,扬程范围是 1 880 mm H_2O。水平中开式多级离心泵采用蜗壳形泵体,如图 7-2

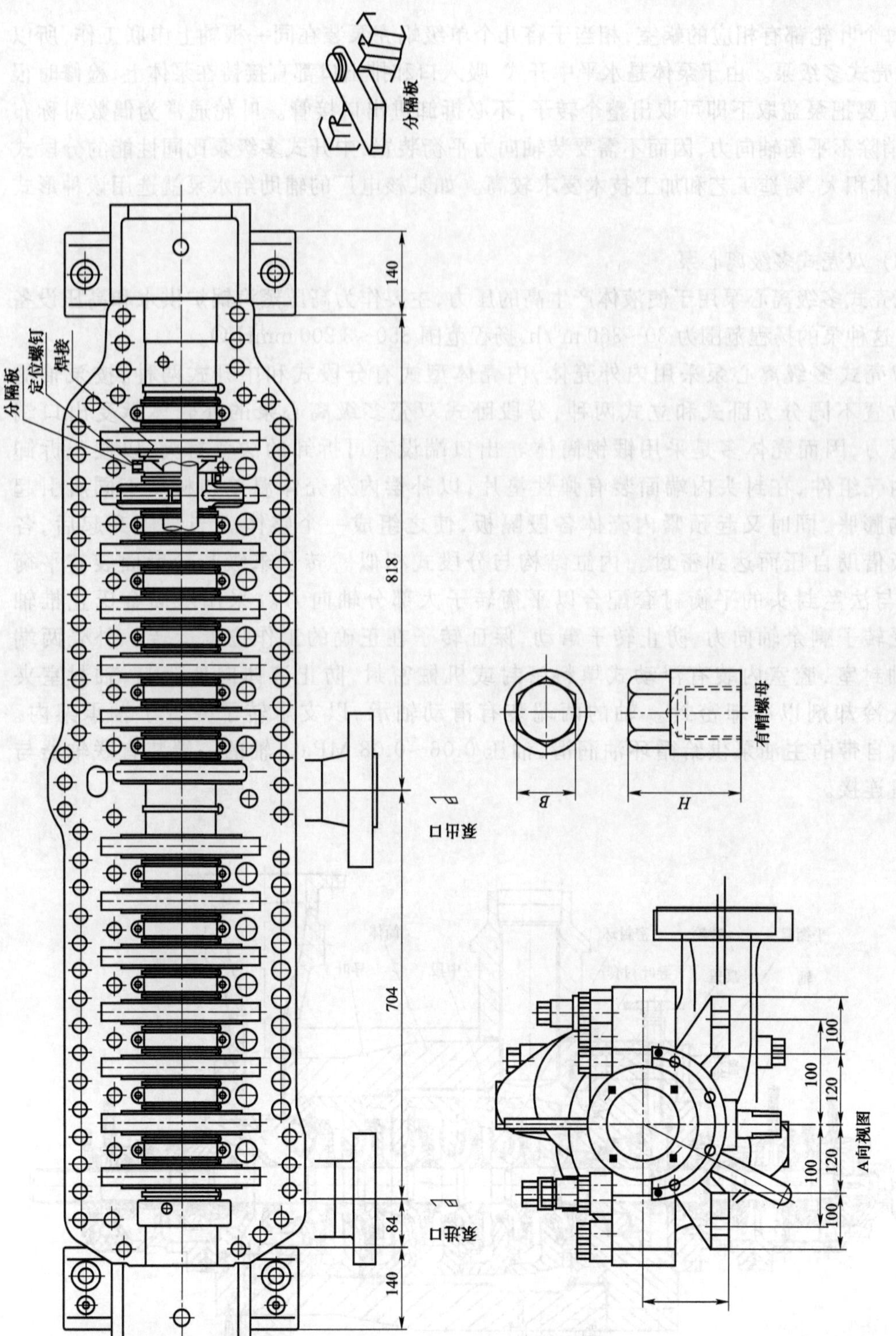

图 7-2 中开式多级离心泵

所示,每个叶轮都有相应的蜗室,相当于将几个单级蜗壳泵装在同一根轴上串联工作,所以又称蜗壳式多级泵。由于泵体是水平中开式,吸入口和排出口都直接铸在泵体上,检修时很方便,只要把泵盖取下即可取出整个转子,不必拆卸进出口接管。叶轮通常为偶数对称布置,以消除不平衡轴向力,因而不需要装轴向力平衡装置,中开式多级泵比同性能的分段式多级泵体积大,铸造工艺和加工技术要求较高。如某核电厂的辅助给水泵就选用该种形式的泵。

(3) 双壳式多级离心泵

双壳式多级离心泵用于使液体产生高的压力,主要作为高压蒸汽锅炉供水和高压设备送液。这种泵的扬程范围为 30～360 m^3/h,扬程范围 850～3 200 mmH_2O。

双壳式多级离心泵采用内外壳体,内壳体型式有分段式和中开式两种,按泵轴的安装位置不同分为卧式和立式两种,分段卧式双壳多级离心泵的外壳体承受出口端液体压力,因而壳体多是采用锻钢筒体。出口端设有可拆卸的法兰封头,以便于拆卸抽出内壳组件,在封头内端面装有弹性垫片,以补偿内外壳体温差和材质不同所引起的不均膨胀,同时又起预紧内壳体各段隔板,使之组成一个整体。当泵压升起后,各段隔板借助自压而达到密封。内缸结构与分段式相似。转子末级叶轮后面装有平衡活塞,与法兰封头的平衡衬套配合以平衡转子大部分轴向力。采用双面金氏止推轴承承受转子剩余轴向力,防止转子窜动,保证转子在正确的工作位置运转。外壳两端装有轴封室,腔室内装有浮动式填料密封或机械密封,防止液体向外泄漏;轴封室夹套通入冷却剂以冷却密封。轴的两端装有滑动轴承,以支承转子并置于轴承架内。轴承由自带的主油泵供给循环油润滑,油压 0.06～0.08 MPa。轴的一端装有联轴器与驱动机连接。

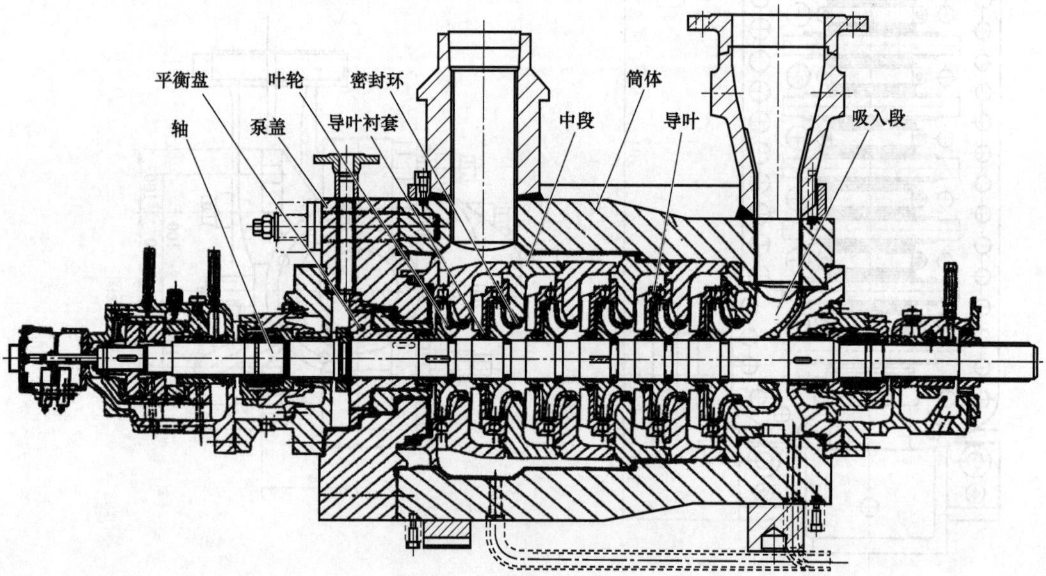

图 7-3 双壳式离心泵

7.1.2　1DGT-6 启停给水泵

(1) 1DGT-6 启停给水泵的性能参数

- 泵型号：1DGT-6
- 输送的介质：锅炉给水
- 工作温度：132 ℃
- 设计温度：150 ℃
- 设计流量：100 m^3/h
- 设计扬程：770 m
- 最大流量：130 m^3/h
- 最大流量下扬程：700 m
- 最小流量：20 m^3/h
- 关闭点扬程：<820 m
- 泵吸入压力：10 m
- 泵必须汽蚀余量 NPSHr：≤7 m
- 配带功率：400 kW
- 转速：2 980 r/min
- 旋转方向：从驱动端看泵为顺时针方向旋转

(2) 1DGT-6 启停给水泵的结构

总体结构见图 7-4。

① 吸入部分

焊接吸入管垂直向上，公称直径Φ125，公称压力 1 MPa。

② 吐出部分

焊接吐出管垂直向上，公称直径Φ100，公称压力 10 MPa。

③ 轴承

径向轴承和推力轴承装在带法兰的轴承体内，见图 7-5。

④ 轴封

快装式机械密封，SP70261-1A，见图 7-6。

⑤ 轴封的冷却

每端机械密封 2 个磁性过滤器和 4 个截止阀，连接冷却器循环液体来冷却。

通有冷却水的冷却室体，见图 7-7。

⑥ 平衡轴向推力

通过平衡盘平衡，其残余的轴向推力由自由端的推力轴承吸收，见图 7-8。

⑦ 润滑

甩油环自润滑。

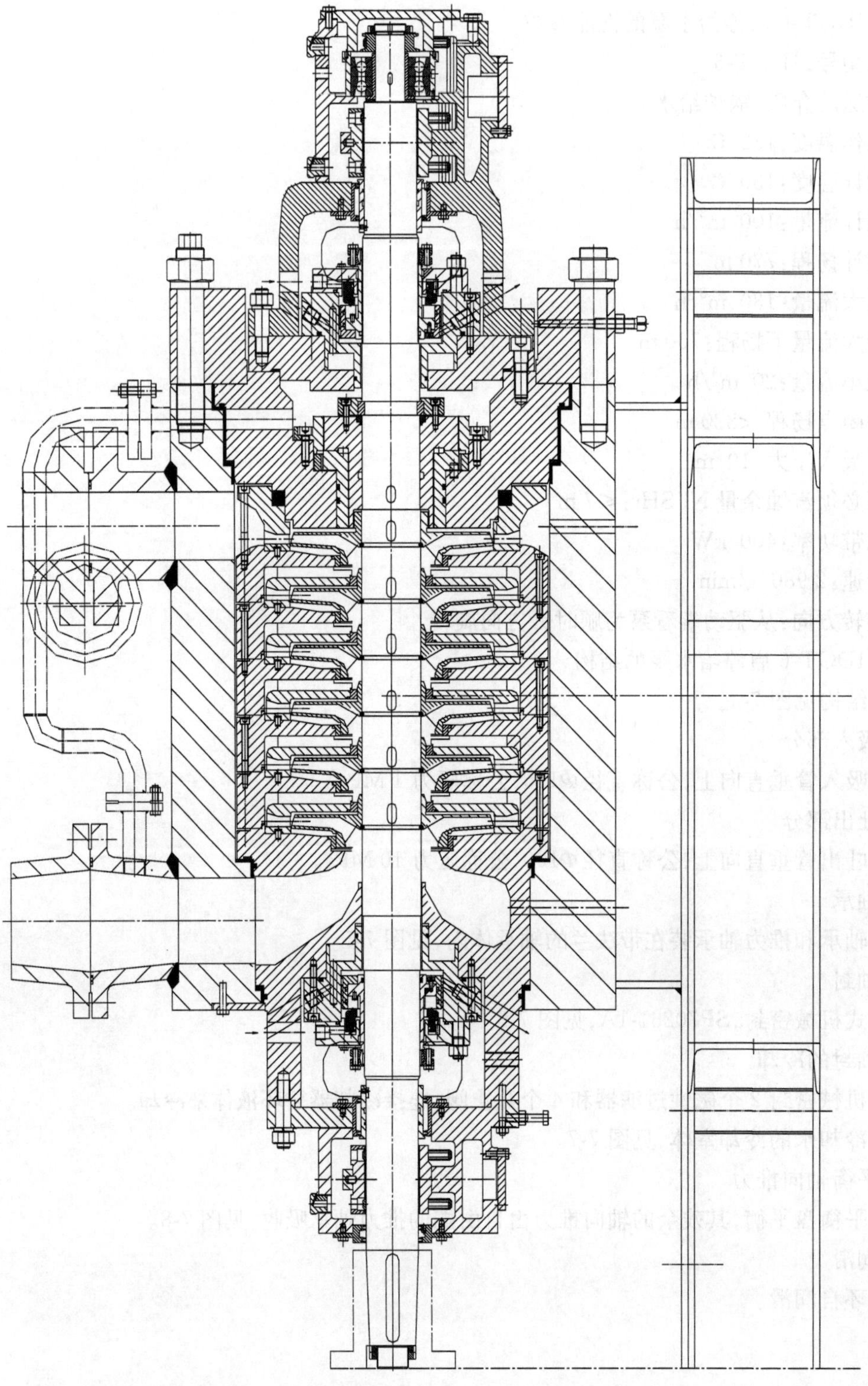

图 7-4 1DGT-6 启停给水泵结构

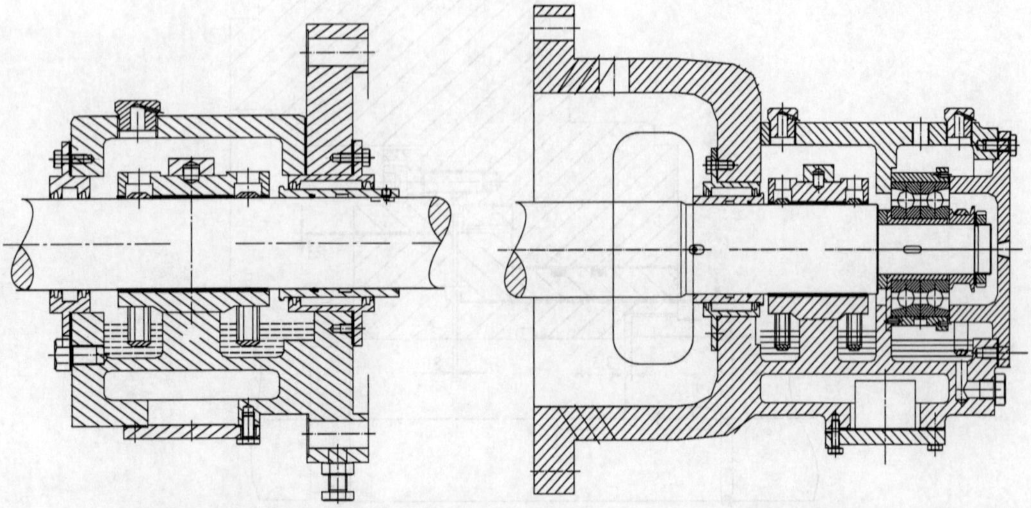

（1）驱动端轴承部件　　　　（2）自由端轴承部件

图 7-5　轴承

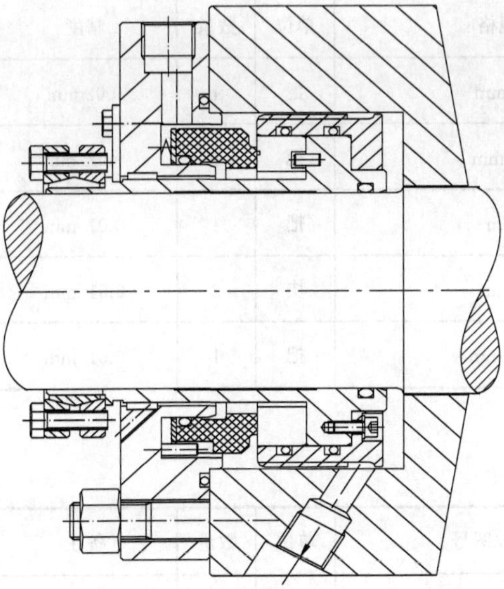

图 7-6　轴封

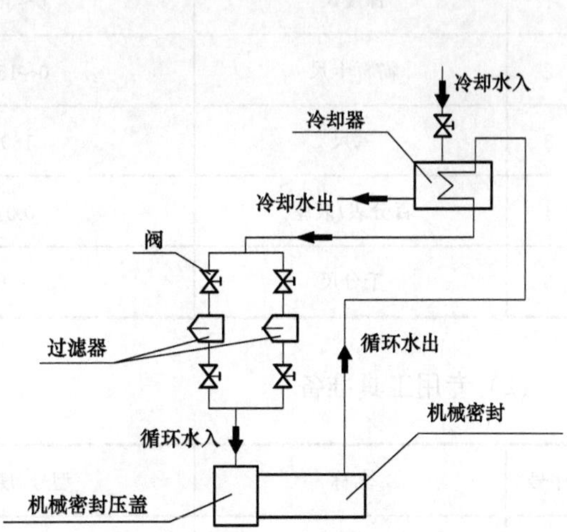

图 7-7　轴封冷却

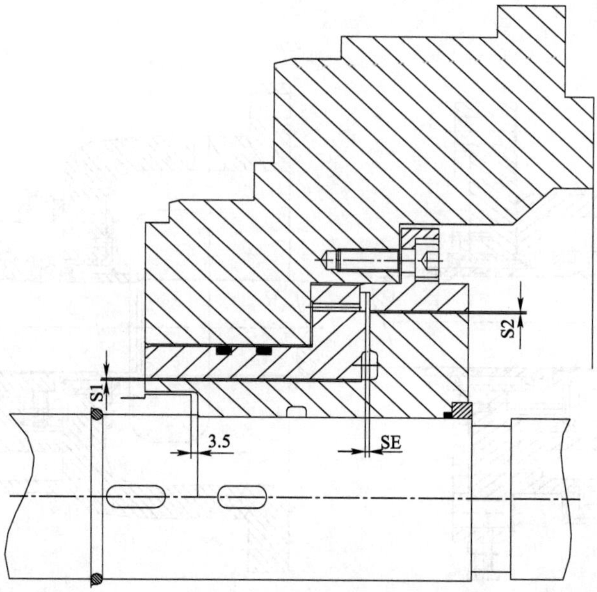

图 7-8 平衡轴推力

7.1.3 工器具准备

(1) 常用量具准备

序号	名称	型号/规格	单位	数量	精度
1	深度尺	0～300 mm	把	1	0.02 mm
2	游标卡尺	0～150 mm	把	1	0.02 mm
3	塞尺	150 mm	把	1	0.01 mm
4	百分表/表座	0.01 mm	块	2	0.01 mm
5	千分尺	75～100 mm	把	1	0.01 mm

(2) 专用工具准备

序号	名称	型号/规格/图号	单位	数量	备注
1	泵芯拆卸导轨	1DGT-6-HH	件	1	
2	加热工具	焊枪或加热器	套	1	

7.1.4 材料及备件准备

(1) 常用材料准备

序号	名称	型号/规格/图号/编码	单位	数量	备注
1	清洗剂	KL705N	瓶	2	
2	除锈剂	KL202	瓶	2	
3	擦拭纸		张	10	
4	吸油棉	3M	m	10	
5	记号笔		支	3	
6	百洁布		m	5	
7	透平油	46#汽轮机油	L	5	
8	防咬剂	N-5000	瓶	1	
9	白布		m	5	
10	胶皮		m	5	
11	塑料布		m	10	

(2) 检修备件准备

序号	名称	型号/规格/图号/编码	单位	数量	备注
1	平衡套	1DGT-6-0006	件	1	
2	平衡套压板	1DGT-6-0007	件	1	
3	平衡盘	1DGT6-0106	件		
4	驱动端轴承部件(导瓦)	1DGT-6-0300 甲	件	1	
5	自由端轴承部件(导瓦)	1DGT-6-0300 乙	件	1	
6	驱动端轴承室固定螺栓垫圈	M20 GB/T93-1987	件	16	
7	密封垫 1Cr18Ni9Ti+石墨	$\Phi395\times\Phi420\times4.5$	个	5	必换件
8	密封垫 1Cr18Ni9Ti+石墨	$\Phi425\times\Phi450\times4.5$	个	5	必换件
9	密封垫 1Cr18Ni9Ti+石墨	$\Phi480\times\Phi505\times4.5$	个	5	必换件
10	密封垫 1Cr18Ni9Ti+石墨	$\Phi325\times\Phi365\times4.5$	个	5	必换件
11	密封垫 1Cr18Ni9Ti+石墨	$\Phi340\times\Phi365\times4.5$	个	5	必换件

续表

序号	名称	型号/规格/图号/编码	单位	数量	备注
12	密封垫 1Cr18Ni9Ti+石墨	Φ160×Φ185×4.5	个	1	必换件
13	泵脚固定螺栓垫圈	M30　GB/T 95—1985	个	4	
14	泵体端盖螺栓垫圈	M42　GB/T 95—1985	个	12	
15	间隔垫 Q235-A.F	1DGT-6-0017	个	4	
16	O 型密封圈(三元乙丙胶)	Φ210×5.7	个	2	必换件
17	O 型密封圈(三元乙丙胶)	Φ104.6×4	个	2	必换件
18	O 型密封圈(三元乙丙胶)	Φ510×5.7	个	1	必换件
19	O 型密封圈(三元乙丙胶)	Φ415×5.7	个	1	必换件
20	O 型密封圈(三元乙丙胶)	Φ385×5.7	个	1	必换件
21	O 型密封圈(三元乙丙胶)	Φ156×5.7	个	2	必换件
22	推力球轴承	7311B(GB/T 292—1994)	个	2	必换件
23	膜片联轴器	HB6190	套	1	
24	O 型密封圈氟橡胶	Φ80×3.1	个	2	必换件
25	O 型密封圈(三元乙丙胶)	Φ88×3.55	个	1	必换件
26	轴封环(45 钢)	1DGT/6-0110	个	2	
27	机械密封部件	SP70261A-1	件	2	必换件
28	胶质石棉垫	0.2 mm	个	3	迷宫环密封用
29	轴封水过滤器滤芯		件	2	

7.1.5　辐射防护准备

非辐射控制区内的维修项目,维修人员需穿戴好劳动保护用具。包括工作服、安全帽、防砸鞋等。

辐射控制区内的维修项目,维修人员需穿戴好辐射防护用品。包括热释光、剂量计、连体服、防砸鞋、防护手套、防护口罩、纸衣等,具体根据防护等级进行选择。RPW2 级以上工作,还需要到辐射防护科进行开工。高剂量的关键重要设备开口等重大项目维修,还需要编制专项 ALARA 计划等。

7.1.6　工业安全准备

注意工业安全,防止人员、设备发生机械伤害。重要设备吊运,需要专业起重人员指挥、操作。

7.1.7 配合人员准备

(1) 电气人员准备

配合电气部分的拆接线等。

(2) 仪控人员准备

配合测温、流量、振动、压力等元件的拆结等。

(3) 起重人员准备

配合泵盖、筒体等部件的吊装等。

7.2 操作实施

7.2.1 开工前的准备

(1) 工作票开工,工器具量具、材料、备件的准备,检修场地(隔离区、异物控制区)的布置。

(2) 召开工前会,明确分工、隔离要求、工期计划要求、工作要点、风险分析及应对措施等。

7.2.2 泵的解体

具体操作规范详见表 7-1。

表 7-1 泵的解体操作规范

序号	操作步骤	操作要求	工器具	测评标准
1	工器具准备	场地布置	工具、量具、起重工具	工具准备齐全,量具有效期检查
2	相关管线拆除	设冷水管、压力表管、平衡水管拆除	开口扳手、管钳、白布	防异物
3	联轴器解体及复查中心	表具架设合理	百分表及表架	做好标记,量具检查确认
4	轴承体部件解体	拆除导瓦及推力瓦,瓦隙测量	塞尺、铅丝、千分尺	顶隙、侧隙分别测量,测量工具使用
5	抬轴试验	导瓦拆除前后分别测量半抬和全抬量	百分表及表架	测量准确,半抬为全抬量的 1/2
6	轴承室拆除	拆除轴承室连接螺栓及轴承室	内六角、开口扳手	防止机械伤害
7	机械密封拆除	机械密封与泵体脱开	开口扳手	注意保护防止密封面磕碰

续表

序号	操作步骤	操作要求	工器具	测评标准
8	泵盖拆除	起重配合	吊具	防止机械伤害
9	测量轴的总窜量及工作窜量	泵工作状态的窜量测量	深度尺	名义窜量为 4±1 mm
10	平衡装置解体	拆除平衡盘等装置	开口扳手	防止与泵轴之间发生卡涩
11	泵筒体拆除	筒体抽芯	专用工具起重吊具	专用工具定位，配合起重吊具的使用，抽芯后安全放置于预先放置枕木的检修场地
12	轴套、密封件、螺母等部件拆除	逐个拆除	开口扳手	做好标记
13	泵芯解体	放置于检修场地	开口扳手	拆下的各部件，擦干净，做好记号，涂防锈油，做好标记整齐放置

(1) 准备工作

① 准备工具，如千分表(带磁力座)、塞尺、直尺、千分尺、卡尺。

② 准备起吊设备，起吊重量不小于 11 t。

③ 拆去冷却水、密封水系统管路。

④ 拆去压力表管、平衡水管。

(2) 联轴器解体及复查中心

① 拧开把合联轴器罩的螺栓 4-M10×20，拆下联轴器罩。

② 拆下中间联轴器和泵联轴器。

③ 复查联轴器中心，复查项目是两联轴器的间隙、面偏差、圆偏差，做好记录。

(3) 轴承体部件解体，抬轴试验

① 拆下轴承盖，检查轴瓦的使用情况。

② 测定轴瓦的压紧程度，要求轴承盖对轴瓦稍有压紧，如压不住或很小时，可在轴瓦上部加垫，压紧过大时，可增加轴承盖水平结合面垫片的厚度。

③ 测量轴瓦上部间隙，发现轴承间隙太小时，可以修刮上瓦，一般情况不要在轴瓦结合面上上垫片，如果间隙过大，可刮锉轴瓦结合面，但也不要锉去太多。当间隙超过标准太多时，应重新挂钨金。

④ 用塞尺测量轴瓦两侧的间隙。塞尺插入深度为 25 mm 左右。

⑤ 抬轴试验，检查转子与定子的同心性。

⑥ 轴瓦的测量指标

轴瓦紧力应为：+0.02 mm(过盈，用压紧量表示)

轴瓦顶部间隙为：0.13～0.195 mm。

轴瓦两侧的单侧间隙为：0.07～0.097 5 mm。

⑦ 松开把合两侧轴承体的螺栓、销钉，拆下两侧轴承体。

(4) 转子窜量测量

① 用深度尺测量轴工作状态窜量，名义窜量为 4±1 mm。

② 在平衡盘前加一个调整垫，测量轴的总窜量（螺母不要拧得太紧，用手拧即可）名义总窜量为 8±1.5 mm，测量后拆下平衡盘、轴套、密封圈、螺母等部件。

(5) 泵筒体解体

① 解体前测量吸入法兰与吐出法兰之间距离（580 mm）与平行度，要符合总图上的要求。

② 拆卸 12 个拉紧螺栓，吊走端盖。

③ 将吸入段向后移，利用工装直接抽出泵芯。

④ 在解体过程中注意不要碰伤轴，拆下的各部件，擦干净，做好记号，涂防锈油，应放在指定地点，各密封面，特别是中段密封面不要磕碰。

(6) 泵芯解体

逐级浆泵轴上的每一级叶轮和导叶、中段、吸入段分解。

7.2.3 零部件检查、测量及修复

具体操作规范见表 7-2。

表 7-2 零部件检查、测量、修复规范

序号	操作步骤	操作要求	工器具	测评标准
1	联轴器的检查	目视检查	无	表面无裂纹、腐蚀、变形、凹坑等
2	轴承检查	刮研修复	刮刀	无裂纹、脱胎、气孔及严重磨损等现象，每平方厘米至少应有两点接触
3	平衡装置的检查	目视检查	量具	工作面应光滑无沟痕，间隙正常
4	定子部件检查	吸入段、各中段、导叶间隙、尺寸检查测量	量具	径跳允差不平行度允差符合要求
5	转子部件检查	目视检查轴表面，用百分表进行跳动检查	百分表	轴表面无裂纹沟痕，跳动检查符合标准
6	叶轮口环的磨损情况检查	磨损轻微者手工修整，较严重者可在磨床上用专用胎具定位修整	百分表及表架	叶轮口环对其轴孔的径向跳动不大于 0.025 mm
7	转子试装	组装整个转子部件	加热工具	确保叶轮安装到位
8	转子的动平衡	动平衡机试验校准	动平衡机	G2.5 级

(1) 联轴器的检查

在拆泵以前首先要测量泵与电动机的对中情况，做好原始记录。检查联轴器表面无裂纹、腐蚀、变形、凹坑等异常情况。

(2) 轴承检查

轴瓦钨金应无裂纹、脱胎、气孔及严重磨损等现象，轴颈光滑无伤痕，并且处于下瓦正中，接触应均匀，且要达到一定密度，每平方厘米至少应有两点接触。

(3) 平衡装置的检查

平衡盘、平衡套的工作面应光滑无沟痕，如有沟痕应进行磨修，但要保证其间隙，无法保证时应进行更换。

(4) 定子部件检查

① 吸入段、中段各止口径跳允差 0.05 mm。

② 吸入段、中段各端面不平行度允差 0.04 mm。

③ 定子部件定心止口公差配合是Φ400H6/js6，可能的最大间隙 0.054 mm，超差者必须进行处理。

④ 各中段的结合面应平整光滑，无径向沟痕，圆周方向的密封线应连续。

⑤ 导叶的定位止口与中段、吸入段和中段的止口是过渡配合，导叶套、中段密封环如有较严重磨损，要进行修整或者更换。

(5) 转子部件检查

① 泵解体后如发现轴有下列情况之一者，用户应考虑更换轴。

- 轴表面出现裂纹，尤其在平衡盘处出现裂纹，因为此处出现裂纹，轴在交变载荷作用下易造成疲劳破坏。
- 轴表面有被高速水冲刷出现较深的沟痕，尤其在键槽处。
- 轴弯曲较大，经过多次直轴，运行后仍发现有弯曲者。

② 测量轴弯曲

轴的各配合轴径对两径(Φ80f9)处的跳动允差应小于 0.04 mm。

③ 检查叶轮口环的磨损情况

磨损轻微者手工修整，较严重者可在磨床上用专用胎具定位修整，叶轮口环对其轴孔的径向跳动 0.025 mm。

④ 转子的动平衡

叶轮的静平衡允差 3 g，G6.3 级，转子更换叶轮时，转子需重新做动平衡，动平衡转速 n=3 000 r/min，G2.5 级。

⑤ 转子试装

转子需进行试装，转子试装精度按转子小装图要求执行。

泵轴与叶轮为过盈配合，每安装一级叶轮，都需进行检查，以确保叶轮安装到位。

7.2.4 泵的组装

具体操作规范见表 7-3。

表 7-3 泵的组装操作规范

序号	操作步骤	操作要求	工器具	测评标准
1	筒芯组装	逐级安装每一级叶轮和导叶	加热工具	在轴上涂防咬剂,防止咬合
2	检查轴向间隙	每一级组装后都要进行检查测量轴向间隙	深度尺	每一级组装后都要进行检查测量轴向间隙 $S_{a1}+S_{a2}$[(8±1.5 mm)]
3	安装平衡盘	轴向间隙检查	深度尺	装平衡盘后的工作窜量(4±1 mm)
4	筒芯回装	用特制的专用工具将泵芯安装到泵筒体中	专用工具、吊具	确保密封件安装到位
5	安装两侧机械密封部件	集装式机械密封的整体安装和定位	开口扳手、深度尺	动静环的固定和定位,防止磕碰,保证安装尺寸
6	安装泵盖	用起重吊具将泵盖回装	吊具	密封垫片的定位、防止机械伤害
7	安装两端轴承体	定位调整	开口扳手	轴承体的横向对中
8	转子盘车检查	慢慢转动转子,检查动静碰磨	无	动静无摩擦
9	轴瓦间隙测量	塞尺和铅丝进行侧隙和顶隙检查	塞尺、铅丝、千分尺	侧隙、顶隙符合标准
10	安装两端轴承盖	轴瓦压紧力检查	铅丝、千分尺	轴瓦紧力符合标准
11	安装迷宫环、调整垫和轴承套	尺寸调整	深度尺	注意定位的调整,确保动静无摩擦
12	滚动轴承的安装和端盖调整	推力间隙检查	开口扳手、勾头扳手	推力轴承之间间隙为 0.1~0.2 mm
13	附属管线回装	接口清理	百洁布、铲刀	防异物
14	泵与电机对中	对中、回装联轴器	百分表及表架	对中数据符合标准

(1) 装配前的准备工作

① 清点全部零件,并按装配次序将零件分类摆放。

② 再次检查每个经过检修的零件是否良好。

③ 准备好待更换的缠绕垫及“O”形圈。

④ 将每个零件进行最后清洗，尤其要注意中段结合面和套装零件的端面。

⑤ 专用工具准备就绪。

(2) 装配

① 在轴上涂液体，防止咬合。

② 推上叶轮卡环并为每一级叶轮插入键，从自由端把首级叶轮加热装到轴上并把轴插入吸入段。

③ 把第一级导叶装到吸入段上，安装防转销。把第一级中段装到吸入段上，拧紧拉紧螺栓。

④ 以相同的方式安装其他级叶轮、导叶和中段，末级导叶与末级中段之间拉紧螺栓为3-M10×100。导叶防转销对好，高度适当。中段联接螺栓应保证适当的紧力，紧力不够会造成中段计划面的渗漏，紧力过大会造成定子结合面变形。

⑤ 安装每一级后，检查轴向间隙 $S_{a1}+S_{a2}$[(8±1.5) mm]及装平衡盘后的工作窜量(4±1 mm)，要符合总图所示的量值。如图 7-9 所示。

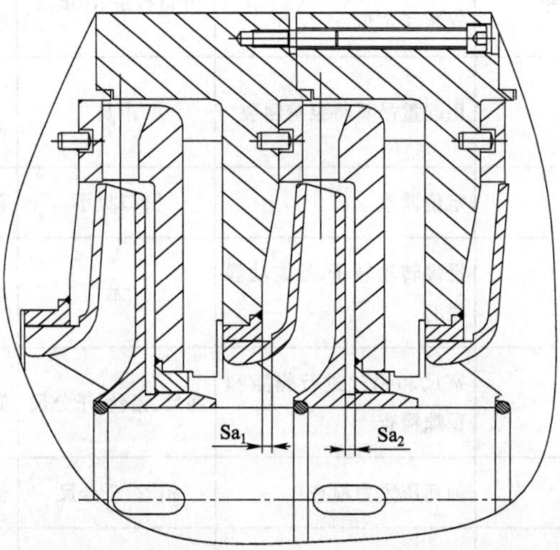

图 7-9 轴间间隙

⑥ 将O形密封圈**Φ**415×5.7、O形密封圈**Φ**385×5.7、密封垫**Φ**395×**Φ**420×4.5和密封垫**Φ**425×**Φ**450×4.5安装到吸入段上。

⑦ 用特制的专用工具将泵芯(上述已安装完结构)安装到泵筒体中。

⑧ 将2个O形密封圈**Φ**156×5.7安装到平衡套上，然后将平衡套安装到压盖上，并用销钉(12×20)将其防转。

⑨ 将密封垫 5-**Φ**325×**Φ**365×4.5、密封垫**Φ**480×**Φ**505×4.5及O形密封圈**Φ**510×5.7安装到压盖上，然后将压盖和平衡套一起送到泵筒体部件中。

⑩ 将平衡盘处键装入轴内，槽内嵌入O形密封圈**Φ**88×3.55，把平衡盘和密封圈在轴上滑过直到贴合平衡套为止。

⑪ 将平衡套压板滑过平衡盘，直到与压盖贴合，并用连接螺钉 12-M12×40 拧紧。

⑫ 将调整环滑装到轴上，在轴上卡环处安装平衡盘卡环，确保它与轴肩环在一起并把

轴肩环紧固在平衡盘上。

⑬ 先将密封垫Φ340×Φ365×4.5 安装到压板上，O 形密封圈 2-Φ112×4 和 2-Φ210×5.7 分别安装到两侧冷却室体的沟槽内，安装压板和冷却室体，拧紧紧定螺钉 8-M20×40、16-M10×70。

⑭ 安装两侧机械密封部件，用螺柱 8-M16×55 把机械密封压盖与两侧冷却室体对称锁紧，使两件紧固联接。卡紧盘、卡套、止推垫、螺柱等将机械密封轴套固定在泵轴上。安装过程保证尺寸(68.5±0.5)mm 和 138.8 mm，按以上顺序安装好后，做手动盘车试验，如转动灵活，则证明装配状态良好。

⑮ 安装端盖，用螺栓 M45×2 及螺母 M45 将其与泵筒体紧固。

⑯ 安装轴承部件。安装轴承体前，先插入键，要把甩油环和轴封环迷宫环及嵌入的 O 形圈一起推到轴上，直到推不动为止。安装驱动端轴承体和自由端轴承体到吸入段和压板并将其紧固(非完全紧固)螺柱 16-M20×95、螺母 M20、垫圈。抬高转子并插入下轴瓦，为容易地放入下部轴瓦，用一根木棒抬轴，记录抬高量。轴承体的横向对中可以通过调整在轴承体法兰上的调整螺钉 2-M12×50 和螺钉 3-M16×160 来实现。

具体方法如下：

- 泵转子垂直方向的抬量，根据计算出的转子静挠度(0.15 mm)，用顶丝将轴抬起(用千分表测量抬起的量值)。调好后叶轮处的最小间隙应该相等。使首级叶轮轮毂处，和中间某一个叶轮毂处的最小间隙相等，就认为在垂直方向，转子处于最佳运转状态。由于定子同心度的影响，抬量可适当减少 0.02～0.03 mm。
- 横向位置的确定，首先在转子处于自然状态时，用轴瓦靠轴承体止口，用两侧顶丝调整，使其两测间隙相等，抬轴后，仍用轴瓦靠轴承体止口，保持间隙相等，当下部轴瓦可以容易地从两侧进入轴和轴承体之间的位置时，就达到了精确的横向对中。即认为在横向时，转子处于中间状态。
- 调好的转子，可以慢慢转动转子，检查泵体内是否有磨擦现象，如存在磨擦现象，必须重新进行调整。在完成了抬高转子工作后，再次牢固地拧紧固定螺钉并把轴承体把到吸入和吐出段上，如有必要，验收并重新加工。安装上轴瓦，用塞尺测量轴瓦与轴之间间隙值保证 0.10 mm 左右后，用定位销钉将上、下轴瓦紧固。待轴瓦安装完后，将轴封环和迷宫环Ⅱ回推，轴封环与轴之间用键联结固定后，再用螺钉 M6×10 配钻在一起，防止轴封环转动。

⑰ 安装驱动侧迷宫环Ⅱ，将迷宫环Ⅱ回推到轴承体端面，两端面之间用 0.2 mm 胶质石棉垫密封，用螺栓 M8×25 将迷宫环Ⅱ与轴承体拧紧。

⑱ 安装压环，用定位销将上轴瓦与压环固定，用螺钉 4-M12×30 将压环与轴承体拧紧。

⑲ 安装驱动端轴承盖和自由端轴承盖，分别与两侧轴承体把合，螺钉 M10×25 以及销钉、螺母 M8。

⑳ 安装驱动侧迷宫环Ⅰ，用螺栓 M8×25 将其固定在驱动侧轴承体和轴承盖上。在自由端轴承部件中插入键，安装调整垫和轴承套，推力球轴承 7311B 和轴承防转套，用销钉将其与轴承体固定。

㉑ 安装油环套和甩油环以及小圆螺母 M45×1.5 及止动垫片。

㉒ 最后安装轴承压盖,保证其与推力轴承之间间隙为 0.1～0.2 mm,用螺栓 M8×25 将其与自由端轴承体、轴承盖紧固联接。

㉓ 回装密封水管路、冷却水管路、平衡水管路。

㉔ 按照对中要求进行对中,回装膜片联轴器和联轴器罩。

㉕ 回装压力表及温度计。

7.2.5 泵安装及检查维护

(1) 泵的安装检查

① 泵与电机找中心。

必须在冷态调整,要求如下:径向跳动≤0.08 mm,平行度≤0.05 mm。

② 泵安装完成后,要盘动转子保证没有卡涩现象。

③ 检查轴承润滑油,要符合要求。

④ 给水泵进水和出水管道对水泵的作用力,考虑到系统运行时及安装时存在一些作用力和力矩,为保证泵的结构安全这些力及力矩应保持在以下范围(表 7-4)。管道不要太硬,要加波形管、伸缩节等措施来增加管道柔性。

表 7-4 力及力矩范围

力和力矩	吸入法兰	吐出法兰
P_x/kg	±249	±142
P_y/kg	±205	±116
P_z/kg	±311	±178
M_x/kg·m	±230	±133
M_y/kg·m	±118	±68
M_z/kg·m	±176	±100

(2) 泵的启停及运行

① 运转中的维护,检查入口压力;

② 检查出水压力;

③ 检查平衡压力(一般为吸入口压力的 1.1～1.3 倍);

④ 检查轴承温度一般不高于75 ℃,轴承体内的润滑油每500 h更换一次(包括运行和备用),换油时轴承体内要用汽油进行清洗;

⑤ 冷却水进水和排水温度之差不大于 10 ℃;

⑥ 轴承转子的垂直方向振动值不大于 0.06 mm,水平方向振动值不大于 0.08 mm,振动值超过时应对泵作解体并检查原因。

(3) 停机

① 关闭泵出口闸阀,关闭时应确保最小流量系统在最小给水时能起作用。

② 关闭电机,看转速是否缓慢下降,水泵转子不应突然停住。

7.3 多级离心泵常见故障检查和处理

7.3.1 不供水、供水不足、总扬程不够

(1) 可能的故障原因

① 泵没有正确排气,吸入管路有气囊,吸入端有气泡,管路没有正确排气;

② 泵和吸入管路没有注满液体;

③ 吸入压力和汽化压力之间压差不够,不满足汽蚀余量要求(NPSH)值;

④ 吸入管入口离供水槽的液面太近或水槽液面太低;

⑤ 转速太低;

⑥ 泵倒转;

⑦ 系统要求的扬程超过泵能产生的扬程;

⑧ 叶轮上有异物堵塞;

⑨ 壳体密封环严重磨损;

⑩ 叶轮损坏或破裂。

(2) 处理方法

① 开启压力表处的排气旋塞进行排气;

② 重新灌水;

③ 检查吸入阀、过滤器;

④ 检查水箱液面,提高液面;

⑤ 检查驱动电机是否正确;

⑥ 调整转向;

⑦ 泵不匹配,询问泵制造厂;

⑧ 检查泵及泵系统;

⑨ 清除异物;

⑩ 更换泵体密封环或叶轮。

7.3.2 启动后突然断水

(1) 可能的故障原因

1) 泵没有正确排气,吸入管路有气囊,吸入端有气泡,管路没有正确排气;

2) 泵和吸入管路没有注满液体;

3) 吸入管入口离供水槽的液面太近或水槽液面太低;

4) 系统要求的扬程超过泵能产生的扬程;

5) 过低流量运行。

(2) 处理方法

① 开启压力表处的排气旋塞进行排气;

② 重新灌水;

③ 检查水箱液面,提高液面;
④ 用出口阀调整压力,减少叶轮直径,询问泵制造厂;
⑤ 出口阀失灵(或旁通管路失灵),检修阀门。

7.3.3 轴功率过高

(1) 可能的故障原因
① 转速太高;
② 泵倒转;
③ 系统要求的扬程超过泵能产生的扬程;
④ 系统要求的扬程低于泵产生的扬程(泵运行超出性能使用范围);
⑤ 转动部件与静止部件磨擦,泵运转不平稳;
⑥ 壳体密封环严重磨损;
(2) 处理方法
① 检查驱动机是否正确;
② 调整转向;
③ 用出口阀调整压力,减少叶轮直径,询问泵制造厂;
④ 泵不匹配,询问泵制造厂;
⑤ 检查零件精度,装配质量;
⑥ 更换泵体密封环。

7.3.4 机械密封泄漏过多或者寿命短

(1) 可能的故障原因
① 泵机对中不准或基础位移;
② 轴弯曲;
③ 轴承严重磨损;
④ 机械密封磨擦副磨损,"O"型密封环损坏;
⑤ 密封安装不当,材料不合适;
⑥ 由于轴承磨损引起轴不对中,引起轴振动;
⑦ 转子振动;
⑧ 密封副端面压力过高,没有提供合适的润滑和冲洗;
⑨ 冷却管路液体温升过高;
⑩ 机械密封冲洗管路脏物引起机械密封副端面磨损。
(2) 处理方法
① 重新对中;
② 更换泵轴;
③ 检查油环、轴承间隙,更换零部件;
④ 检查吸入管路是否是汽蚀引起振动,检查对中情况,检查是否有异物干扰转子转动;
⑤ 选用合适机械密封和冲洗,询问制造厂;

⑥ 检查机械密封泵送功能是否正常,检查冲洗管路(包括元件)是否正常畅通;
⑦ 检查冷却器功能;
⑧ 清洗冲洗管,清洗机械密封及密封腔。

7.3.5 泵振动或噪音太大

(1) 可能的故障原因
① 吸入压力和汽化压力之间压差不够,不满足汽蚀余量要求(NPSH)值;
② 吸入管入口离供水槽的液面太近或水槽液面太低,设备上的常用故障;
③ 过低流量运行;
④ 叶轮上有异物堵塞;
⑤ 泵与电机对中不准或基础位移;
⑥ 其他机器对基础产生共振和干扰;
⑦ 轴弯曲;
⑧ 转动部件与静止部件磨擦,泵运转不平稳;
⑨ 轴承严重磨损;
⑩ 叶轮损坏或破裂;
⑪ 由于轴承磨损引起轴不对中,引起轴振动;
⑫ 轴承不正确或有异物。
(2) 处理方法
① 检查吸入阀、过滤器;
② 检查水箱液面,提高液面;
③ 出口阀失灵(或旁通管路失灵),检修阀门;
④ 清除异物;
⑤ 重新对中;
⑥ 消除或减少干扰;
⑦ 更换泵轴;
⑧ 检查零件精度,装配质量;
⑨ 检查油环,轴承间隙;
⑩ 更换叶轮;
⑪ 更换轴承,重新对中;
⑫ 重新组装;
⑬ 清洗轴承和轴承体油室。

7.3.6 轴承寿命太短

(1) 可能的故障原因
① 泵机对中不准或基础位移;
② 轴弯曲;
③ 转动部件与静止部件磨擦,泵运转不平稳;
④ 转子振动;

⑤ 轴承体油量过多或不足,冷却不够,油质不符,油质脏,油中进水;
⑥ 轴承不正确或有异物;
⑦ 轴承体进水,冷却效果不好;
⑧ 因温度和环境温度,造成轴承室结露。
(2) 处理方法
① 重新对中;
② 更换泵轴;
③ 检查零件精度,装配质量;
④ 检查吸入管路是否是汽蚀引起振动,检查对中情况,检查是否有异物干扰转子转动;
⑤ 检查轴承体冷却效果,油杯工作是否正常,检查油质,油位;
⑥ 重新组装;
⑦ 清洗轴承和轴承体油室;
⑧ 换油,清理轴承体和轴承;
⑨ 用轴承箱排气旋塞排气,换油。

7.3.7 泵内温度过高,转子碰磨壳体或卡住

(1) 可能的故障原因:
① 泵没有正确排气,吸入管路有气囊,吸入端有气泡,管路没有正确排气;
② 吸入压力和汽化压力之间压差不够,不满足汽蚀余量要求(NPSH)值;
③ 吸入管入口离供水槽的液面太近或水槽液面太低,设备上的常用故障;
④ 倒转;
⑤ 系统要求的扬程超过泵能产生的扬程;
⑥ 过低流量运行;
⑦ 叶轮上有异物堵塞;
⑧ 泵机对中不准或基础位移;
⑨ 轴弯曲;
⑩ 轴承严重磨损;
⑪ 壳体密封环严重磨损;
⑫ 叶轮损坏或破裂;
⑬ 机械密封磨擦副磨损,“O”形密封环损坏;
⑭ 由于轴承磨损引起轴不对中,引起轴振动;
⑮ 轴向推力过大;
⑯ 轴承不正确或有异物。
(2) 处理方法
① 开启压力表处的排气旋塞排气;
② 检查吸入阀,过滤器;
③ 检查水箱液面,提高液面;
④ 调整转向;

⑤ 用出口阀调整压力,减少叶轮直径,询问泵制造厂;
⑥ 出口阀失灵(或旁通管路失灵),检修阀门;
⑦ 清除异物;
⑧ 重新对中;
⑨ 更换泵轴;
⑩ 检查油环,轴承间隙;
⑪ 更换泵体密封环;
⑫ 更换叶轮;
⑬ 更换轴承,重新对中;
⑭ 重新组装。

7.3.8 平衡水压力和流量突然增加或减少

(1) 可能的故障原因
① 泵和吸入管路没有注满液体;
② 吸入管入口离供水槽的液面太近或水槽液面太低,设备上的常用故障;
③ 叶轮上有异物堵塞;
④ 转动部件与静止部件磨擦,泵运转不平稳;
⑤ 壳体密封环严重磨损;
⑥ 叶轮损坏或破裂;
⑦ 平衡水管路阀门滑走或损坏;
⑧ 轴向推力过大;
⑨ 平衡水管路结垢,平衡装置部件严重磨损。
(2) 处理方法
① 重新灌水;
② 检查水箱液面,提高液面;
③ 清除异物;
④ 检查零件精度、装配质量;
⑤ 更换泵体密封环;
⑥ 更换叶轮;
⑦ 检查平衡水管路阀门,换阀门;
⑧ 检查泵内各密封环间隙,间隙大会引起轴向力变化,则更换密封环;
⑨ 检查清洗平衡水管路。

注意:出现故障应及时排除。在排除故障前,检查所有测量仪器,仪表要可靠,准确。

7.3.9 常见故障现象及原因

试机前检查平衡装置,盘机检查是否有不正常阻力。

附录

转子间隙

径向间隙/mm	
平衡盘和平衡套压板板之间	0.50～0.55
平衡盘和平衡套之间	0.40～0.45
吸入段和轴之间	2.0
冷却室体和轴	4
迷宫环Ⅰ和轴之间	0～0.05
叶轮和中段密封环之间	0.50～0.55
叶轮和导叶套之间	0.40～0.44
轴封环和轴	0～0.05
轴瓦和轴之间	0.1～0.13
轴向间隙/mm	
总的轴向间隙 $S_{a1}+S_{a2}$	8
轴向间隙一吸入端 S_{a1}	4
轴向间隙一吐出端 S_{a2}	4
平衡盘与平衡套压板之间	0.15～0.30
推力轴承与轴承压盖之间	0.1～0.2

7.4 操作结束

7.4.1 工后会

工后会是对整个工作的过程的回顾以及必要的经验反馈。

工后总结记录表

<table>
<tr><td colspan="2">工作内容</td><td colspan="7"></td></tr>
<tr><td colspan="2">工单流水号</td><td></td><td>设备编码</td><td colspan="2"></td><td colspan="2">工作负责人</td><td></td></tr>
<tr><td colspan="2">计划完工时间</td><td colspan="3"></td><td colspan="3">实际完工时间</td><td></td></tr>
<tr><td>序号</td><td colspan="4">检查项目</td><td colspan="2">检查结果</td><td colspan="2">异常情况记录</td></tr>
<tr><td colspan="9">第 1 部分　工作回顾</td></tr>
<tr><td>1</td><td colspan="4">工作许可证已归还</td><td>是□</td><td>否□</td><td colspan="2"></td></tr>
</table>

续表

序号	检查项目	检查结果		异常情况记录
2	检修现场清理完成	是□	否□	
3	设备标牌清晰无损伤	是□	否□	
4	检修任务达到预期结果	是□	否□	
5	试验设备和工器具归还完成	是□	否□	
第 2 部分　经验反馈				
6	工期安排是否合理	是□	否□	
7	工作人员配置充足	是□	否□	
8	工作文件准备充分	是□	否□	
9	工作人员的检修技能满足要求	是□	否□	
10	规程、图纸是否有升版需求	是□	否□	
11	库存备件是否需要补充	是□	否□	
12	更换下来的旧部件是否需要翻新维修	是□	否□	
13	检修过程中出现预期外的现象和报警	是□	否□	
14	提交缺陷单、QDR、状态报告等	是□	否□	
15	编写良好实践、经验反馈	是□	否□	
16	工作中需要协调、改进建议等	是□	否□	
17	其他事项：			
工作组成员及 QC 人员签名：				

注：

(1) 工后总结由工作负责人组织并做好记录，原件放在文件包中；

(2) 工后总结记录单中每一项都必须打“√”确认，不要遗漏；

(3) 如有异常，请详细填写异常情况说明，以及后续处理方案；

(4) 其他事项根据讨论情况记录，经讨论没有涉及到的请填写“无”；

(5) 工后总结结束后，全体工作人员签字确认。

7.4.2　评判

学员对解体过程进行阐述，并说明其中的关键点以及注意事项。教员对学员的陈述简要记录，根据阐述内容评判学员的掌握情况。教员指出学员阐述过程中的错误以及需要注意的事项，并且依据评判表，对学员的学习情况作出整体评判。

7.5 经验反馈

举例说明

(1) 启停给水泵盘车卡涩

① 事件简述

在执行工单 671016 启停给水泵定期维护过程中，需要对泵组对中复核。12 月 20 日泵体温度约 170 ℃，压力 1 MPa，对中过程中由于泵体带压，单独盘动电机靠背轮对中，但是由于靠背轮表面锈蚀粗糙，数据不准，需要泵与电机靠背轮一起盘动进行。后与隔离办沟通，打开泵进口阀门，泵出口阀门阻力较大无法关闭。12 月 21 日泵体温度约 150 ℃，压力约 0.3 MPa。再次进行对中检查，泵与电机靠背轮一起盘动进行，发现泵轴在转动过程中有卡涩现象，再盘动有卡死现象。12 月 26 日，检修人员通过对泵出口阀的处理，将出口阀关闭。12 月 27 日泵体疏水卸压，再次盘车检查，可以盘动，但仍稍微有卡阻现象。

② 原因分析及评价

径向间隙偏差导致转子内部存在卡涩，解体检修，检查调整转子部件与前后口环间隙，检查调整平衡盘间隙，转子推力间隙等。

(2) 启停给水泵启动后，推力轴承温度高报警值

① 事件简述

启停给水泵启动后，推力轴承温度很快上升至 75 ℃报警值，CB-530 发启停给水泵轴承温度高报警。后经维修人员对启停给水冷却水管线疏通后，温度正常。

启停给水的冷却水为开式工业水，且机组运行期间应为备用状态。

② 原因分析及评价

SSF-V28 阀后冷却水管路堵塞。因工业水水质问题，冷却水管道材质为碳钢，启停给水泵仅在机组启停期间使用，容易发生冷却水管堵塞。建议在每次启停给水泵的“定期维护”预维项目中增加“冷却水管线疏通”的工作内容。

7.6 泵的振动

7.6.1 振动测量评定

泵原则上应在安装好的现场进行振动测量，并应在规定转速(允许偏差±5%)以及允许用到的小流量、规定流量、大流量三个工况点上进行测量。

测点通常选在轴承座、底座和出口法兰处。把轴承座处和靠近轴承处的测点称为主要测点，其余为辅助测点。每个测点应在三个相互垂直的方向(垂直、水平、轴向)进行振动测量。

比较主要测点在三个方向、三个工况上测得的振动速度有效值，其中一个最大的值定为泵的振动烈度，辅助测点的振动值不能作为评价的依据，只能说明装配或固定的质量有问题。

在 10～1 000 Hz 的频率内速度均方根值相同的振动被认为具有相同的振动烈度。根据表 7-5 确定泵的烈度级。

表 7-5　泵的振动烈度表

烈度级	振动烈度的范围/(mm/s)
0.11	0.07～0.11
0.18	0.11～0.18
0.28	0.18～0.28
0.45	0.28～0.45
0.71	0.45～0.71
1.12	0.71～1.12
1.80	1.12～1.80
2.80	1.80～2.80
4.50	2.80～4.50
7.10	4.50～7.10
11.20	7.10～11.20
18.00	11.20～18.00
28.00	18.00～28.00
45.00	28.00～45.00
71.00	45.00～71.00

为了评价泵的振动级别，把泵分为四类如表 7-6 所示。

表 7-6　泵的分类表

类别＼中心高	≤225 mm	225～550 mm	>550 mm
第一类	≤1 800 r/min	≤1 000 r/min	—
第二类	1 800～4 500 r/min	1 000～1 800 r/min	600～1 500 r/min
第三类	4 500～12 000 r/min	1 800～4 500 r/min	1 500～3 600 r/min
第四类	—	4 500～12 000 r/min	3 600～12 000 r/min

泵的振动级别分别为 A、B、C、D 四级，分别代表优、良、合格、不合格。按泵的转速和中心高确定泵的类别后，再根据泵的振动烈度查即可评价泵的振动级别，如表 7-7 所示。

表 7-7 泵的振动级别表

<table>
<tr><th rowspan="2">振动烈度范围级</th><th colspan="4">判定泵的振动级别</th></tr>
<tr><th>第一类</th><th>第二类</th><th>第三类</th><th>第四类</th></tr>
<tr><td>0.28</td><td rowspan="3">A</td><td rowspan="4">A</td><td rowspan="5">A</td><td rowspan="6">A</td></tr>
<tr><td>0.45</td></tr>
<tr><td>0.71</td></tr>
<tr><td>1.12</td><td rowspan="2">B</td></tr>
<tr><td>1.80</td><td rowspan="2">B</td></tr>
<tr><td>2.80</td><td rowspan="2">C</td><td rowspan="2">B</td></tr>
<tr><td>4.50</td><td rowspan="2">C</td><td rowspan="2">B</td></tr>
<tr><td>7.10</td><td rowspan="6">D</td><td rowspan="2">C</td></tr>
<tr><td>11.20</td><td rowspan="5">D</td><td rowspan="2">C</td></tr>
<tr><td>18.00</td><td rowspan="4">D</td></tr>
<tr><td>28.00</td><td rowspan="3">D</td></tr>
<tr><td>45.00</td></tr>
<tr><td>71.00</td></tr>
</table>

7.6.2 常见振动故障原因及处理

具体故障原因及处理方式见表 7-8。

表 7-8 泵的常见振动故障及处理

编号	故障原因	处理方法
1	泵内和吸入管路没有完全充满液体	再向泵及吸入管路充液并检查管络布置情况
2	吸入压力与液体的汽化压力之差没有超过 NPSHr 足够量	检查吸入管路的闸阀和滤网是否堵塞,然后将其清理
3	吸入管的入口离泵太远或水槽中液面太低	提高液面高度或减少距离,或增大吸入管直径
4	运转时流量太小(最小流量装置失灵,发热汽化或水源不足)	检查最小流量装置的工作情况和水源情况,或询问厂家
5	叶轮进入异物	检查并清理泵,检查吸入管和过滤网,然后将其清理
6	泵未对中或基础发生位移	检查并重新找正,固定好
7	与其他设备产生共振和干扰	消除基础传导,询问制造厂
8	泵轴弯曲	更换新轴,对高温高压等重要部位的泵不可直轴后再用
9	转子与定子相碰,泵运转不平稳	检查平衡装置情况,必要时拆泵检查

续表

编号	故障原因	处理方法
10	轴承严重磨损	检查泵运转时的噪声,停泵冷态检查联轴器的对中情况,检查供油情况(压力、温度、油量、油质),更换轴承
11	叶轮或其传动件损坏或汽蚀	更换新叶轮,检查 NPSHa 是否满足要求,检查系统内是否有异物
12	由于轴承磨损或轴没有对中而引起振动	重新找正联轴器(冷态时),更换新轴承,检查转子有否损伤
13	轴承组装故障(组装中损伤或错装)	检查轴承是否损伤、错装,检查供油孔是否对准油道
14	轴承内有脏物	彻底清洗轴承、轴承体、供油管路及油箱,检查轴承油封,更换油过滤器
15	零部件松动,未定好位	把紧松动的零部件,检查把紧的质量(尺寸、对称性、紧度等)
16	转子各零件静平衡及转子动平衡遭损坏	重新找平衡,查找失衡原因并将其消除

7.7 习题

7.7.1 选择题

(1) 离心泵按产生的全压高低分类,P 小于 2 MPa 为(A)。

A. 低压泵　　B. 中压泵　　C. 高压泵

(2) 离心泵按叶轮的吸入液体方式分,液体从两侧吸入叶轮属于(B)。

A. 单吸泵　　B. 双吸泵　　C. 多吸泵

(3) 离心泵按照叶轮的个数分类,同一根泵轴上装有两个或两个以上叶轮属于(B)。

A. 单级泵　　B. 多级泵　　C. 压力级泵

(4) 泵与电机找中心时需要对(A)两个方向进行找正。

A. 轴向(端面)、径向(外圆)　　B. 水平方向、垂直方向

C. 水平方向、上下方向

(5) 泵的振动级别分别为 A、B、C、D 四级,振动烈度分级界限分别是(B)。

A. 2.5　4.2　6.3　　B. 2.8　4.5　7.1

C. 2.4　4.0　6.5

7.7.2 填空题

(1) 非辐射控制区内的维修项目,维修人员需穿戴好劳动保护用品,包括<u>工作服</u>、<u>安全帽</u>、<u>防砸鞋</u>等。

(2) 多级离心泵工作时,液体顺序地通过泵轴上的各个叶轮。液体每经过一个叶轮,能头便提高一次,其通过泵所获得的总能头等于在各个叶轮中提高能头的<u>总和</u>。

(3) 多级离心泵泵平衡轴向力的方式通常采用<u>平衡毂(盘)</u>和<u>推力轴承</u>。

(4) 设备解体过程中涉及到防异物控制时,在设备开口时去要建立<u>异物控制</u>区。

(5) 为了评价泵的振动级别,按照<u>中心高</u>和<u>转速</u>的不同把泵分为四类。

(6) 泵的常见振动故障发现是由于转子质量不平衡引起的振动故障,需要对转子部件进行<u>动平衡</u>。

7.7.3 简答题

(1) 简述离心泵的工作原理。

答:离心式水泵的工作原理是用原动机带动水泵叶轮转动,叶轮中的叶片对其中的流体做功,迫使它们旋转,旋转的流体在惯性离心力的作用下,从中心向边缘流去,其压力和速度不断提高,最后以很高的流速和压力流出叶轮进入泵壳内。

(2) 简述泵振动或噪声太大的可能原因。(答对 10 点即可)

答:① 吸入压力和汽化压力之间压差不够,不满足汽蚀余量要求(NPSH)值;

② 吸入管入口离供水槽的液面太近或水槽液面太低;

③ 过低流量运行;

④ 叶轮上有异物堵塞;

⑤ 泵机没对中,对中不准或基础位移;

⑥ 其他机器对基础产生的共振和干扰;

⑦ 轴弯曲;

⑧ 转动部件与静止部件磨擦,泵运转不平稳;

⑨ 轴承严重磨损;

⑩ 叶轮损坏或破裂;

⑪ 由于轴承磨损引起轴不对中,引起轴振动;

⑫ 轴承不正确或有异物。

7.7.4 论述题

简述泵的振动测量评定标准。

答:泵原则上应在安装好的现场进行振动测量,并应在规定转速(允许偏差±5%)以及允许用到的小流量、规定流量、大流量三个工况点上进行测量。

测点通常选在轴承座处和靠近轴承处的测点称为主要测点,每个测点应在三个相互垂直的方向(垂直、水平、轴向)进行振动测量。比较主要测点,在三个方向。三个工况上测得的振动速度有效值,其中一个最大的值定为泵的振动烈度。

按泵的转速和中心高定泵的类别后再根据泵的振动烈度查表即可评价泵的振动级别。泵的振动级别分别为 A、B、C、D 四级,分别代表优、良、合格、不合格。

7.7.5 实操题

鉴定点:多级离心泵模拟体厂房

试题:多级离心泵轴承室与机械密封的解体和组装。

答:(1) 准备要求

考场准备：

① 试题名称：多级离心泵轴承室与机械密封的解体和组装。

② 本题分值：20。

③ 考核时间：40 min。

④ 考核形式：实操。

⑤ 设备设施准备：

序号	名称	规格	单位	数量	备注
1	模拟体		台	1	
2	工具、吊带等		套	1	解体用工具

考生准备：

① 试题名称：多级离心泵轴承室与机械密封的解体和组装。

② 本题分值：20。

③ 考核时间：40 min。

④ 考核形式：实操。

⑤ 工具及其他准备：无。

(2) 考核要求

① 本题分值：20。

② 考核时间：40 min。

③ 考核形式：实操。

④ 具体考核要求：根据现场实操，熟悉多级离心泵轴承室与机械密封的解体和组装步骤，调整转子推力间隙，组装后转子盘车灵活。

⑤ 否定项说明：解体过程中，设备损伤；防异物措施落实不到位；转子盘车卡死。

(3) 配分与评分标准

序号	考核内容	考核要点	配分	评分标准	扣分	得分
1	解体前准备	确定解体前的准备工作是否充分	6	(1) 未开工前会，扣 2 分； (2) 未模拟检查隔离状态，扣 2 分； (3) 检修隔离区的布置不规范，扣 2 分		
2	脱开联轴器，拆除靠背轮	断开联轴器之后需要对中复查	4	(1) 未模拟对中检查，扣 2 分； (2) 靠背轮拆除操作不当，扣 2 分		
3	两端轴承室的解体与回装	熟悉两端轴承室的内部结构	4	(1) 未做标记，扣 2 分； (2) 轴承室与泵体发生碰撞，扣 2 分； (3) 否定项：防异物措施落实不到位		

续表

序号	考核内容	考核要点	配分	评分标准	扣分	得分
4	两端机械密封的解体与回装	熟悉两端机械密封的内部结构	4	(1) 未做标记,扣2分; (2) 未进行动静环固定,扣2分		
5	转子部件推力间隙的调整	转子推力间隙的计算和调整	6	(1) 转子推力间隙计算方法错误,扣2分; (2) 转子推力间隙的调整不当,扣2分; (3) 未封堵,扣2分		
6	转子部件的调中	转子可以自由盘车	6	(1) 转子调中不当,扣2分; (2) 否定项:转子盘车卡死		

否定项:1. 解体过程中造成设备损伤;

2. 防异物措施落实不到位;

3. 转子盘车卡死。

评分人: 年 月 日 核分人: 年 月 日